Jorge Quiroz
Jorge Oliva

Manejo genético de los ovinos de pelo en el trópico húmedo

AF141414

Jorge Quiroz
Jorge Oliva

Manejo genético de los ovinos de pelo en el trópico húmedo

Opciones a considerar en un programa de mejoramiento genético

Editorial Académica Española

Impressum / Aviso legal

Bibliografische Information der Deutschen Nationalbibliothek: Die Deutsche Nationalbibliothek verzeichnet diese Publikation in der Deutschen Nationalbibliografie; detaillierte bibliografische Daten sind im Internet über http://dnb.d-nb.de abrufbar.
Alle in diesem Buch genannten Marken und Produktnamen unterliegen warenzeichen-, marken- oder patentrechtlichem Schutz bzw. sind Warenzeichen oder eingetragene Warenzeichen der jeweiligen Inhaber. Die Wiedergabe von Marken, Produktnamen, Gebrauchsnamen, Handelsnamen, Warenbezeichnungen u.s.w. in diesem Werk berechtigt auch ohne besondere Kennzeichnung nicht zu der Annahme, dass solche Namen im Sinne der Warenzeichen- und Markenschutzgesetzgebung als frei zu betrachten wären und daher von jedermann benutzt werden dürften.

Información bibliográfica de la Deutsche Nationalbibliothek: La Deutsche Nationalbibliothek clasifica esta publicación en la Deutsche Nationalbibliografie; los datos bibliográficos detallados están disponibles en internet en http://dnb.d-nb.de.
Todos los nombres de marcas y nombres de productos mencionados en este libro están sujetos a la protección de marca comercial, marca registrada o patentes y son marcas comerciales o marcas comerciales registradas de sus respectivos propietarios. La reproducción en esta obra de nombres de marcas, nombres de productos, nombres comunes, nombres comerciales, descripciones de productos, etc., incluso sin una indicación particular, de ninguna manera debe interpretarse como que estos nombres pueden ser considerados sin limitaciones en materia de marcas y legislación de protección de marcas y, por lo tanto, ser utilizados por cualquier persona.

Coverbild / Imagen de portada: www.ingimage.com

Verlag / Editorial:
Editorial Académica Española
ist ein Imprint der / es una marca de
OmniScriptum GmbH & Co. KG
Heinrich-Böcking-Str. 6-8, 66121 Saarbrücken, Deutschland / Alemania
Email / Correo Electrónico: info@eae-publishing.com

Herstellung: siehe letzte Seite /
Publicado en: consulte la última página
ISBN: 978-3-659-08424-9

CONTENIDO

ÍNDICE DE TABLAS

2

ÍNDICE DE FIGURAS

I. INTRODUCCIÓN

En la región sureste de México (Tabasco, Campeche, Quintana Roo y Yucatán) la ganadería ovina es la tercera en importancia después de los inventarios de bovinos y porcinos. Particularmente, el inventario ovino en esta región tropical se ha incrementado sustancialmente en los últimos 9 años, de tal modo que en el año de 2002 se indicó la existencia de 244 564 cabezas ovinas y para el año 2011, 436 373 cabezas (SIAP, 2013).

En el caso específico del estado de Tabasco (entidad representativa de la región trópica húmeda en México), la ganadería ovina es la segunda en importancia después de la ganadería bovina. En esta entidad la población ovina ha mostrado un crecimiento sostenido (37%) en el inventario ovino estatal entre el año 2002 (54 318 cabezas) y el 2011 (74 569 cabezas). Una tendencia similar se ha presentado en la producción de carne en canal al pasar de 191 t año en el 2002 a 291 t año en el 2009, lo que representa un crecimiento del 52% (INEGI, 2010; SIAP, 2013).

El incremento en el inventario de ovinos se atribuye a múltiples factores, entre los cuales destacan: a) una demanda insatisfecha de productos cárnicos de origen ovino a nivel nacional y regional; b) un precio de venta de los ovinos finalizados y ovejas de desecho relativamente estable a través del año; c) la incursión de productores al sector ovino con interés específico en esta especie; d) apoyos del gobierno federal y estatal hacia los productores, para que estos accedan a programas que otorgan asistencia técnica y ovejas reproductoras de manera gratuita; e) apoyos del gobierno estatal para que los productores tengan facilidades que les permitan realizar inversiones de gran envergadura (por ejemplo, el proyecto Centro de Integración Ovina del Sureste); f) apoyos de las instituciones encargadas de otorgar financiamiento a la investigación (por ejemplo, Fundación Produce Tabasco, Fondo Mixto Gobierno del estado de Tabasco y Consejo Nacional de Ciencia y Tecnología (CONACYT) para desarrollar y difundir los resultados de actividades de investigación realizadas en ovinos en el Estado de Tabasco y; la consolidación de dos

7

organizaciones de productores de ovinos en Tabasco (por ejemplo, Ovinocultores Asociados del Sureste S.C. de R.L.).

No obstante de existir una tendencia de crecimiento en el inventario ovino estatal y en el número de fincas ovinas, aún existen diversos aspectos que no se han atendido de manera eficaz. Entre estos aspectos, se encuentra la ausencia de un programa de manejo genético para ovinos de razas de pelo (y de ninguna otra raza) en el estado de Tabasco.

Establecer, desarrollar y cumplir con las metas requeridas en un programa de manejo genético para ovinos, es una labor titánica que implica una participación sostenida de productores organizados (en torno a un fin común), gobierno estatal y federal, instituciones de educación superior y Centros Públicos de Investigación, por ejemplo, el Instituto Nacional de Investigaciones Forestales Agrícolas y Pecuarias (INIFAP). Entre los principales productos que se pueden obtener como resultado de establecer y desarrollar un programa de mejoramiento genético por varias décadas se encuentran: a) generación constante de animales reproductores con características productivas superiores a las encontradas en las fincas comerciales; b) se evita la introducción de material genético proveniente de otros países; y c) se aumentan las posibilidades de establecer un mercado de exportación de semen de carneros y animales reproductores a países con menor desarrollo en la ganadería ovina.

Una de las acciones efectuadas para impulsar la creación de un programa de mejoramiento genético en razas ovinas de pelo en Tabasco, ha sido el apoyo que brindaron los Fondos Mixtos Gobierno del Estado de Tabasco y el CONACYT en el año 2005, para apoyar un proyecto de investigación que genere entre sus productos, un documento que muestre opciones en el manejo genético de los ovinos con énfasis especial a las condiciones climáticas de Tabasco. Así es como surge el presente documento, el cual es un producto del proyecto de investigación "Productividad de primalas de razas de pelo en pastoreo y con complementación alimenticia y proteica" (TAB 2005-C06-16449).

Casi de manera simultánea la Fundación Produce Tabasco apoyó la operación de dos proyectos de investigación enfocados a fortalecer el rumbo que debe seguir la ovinocultura en Tabasco, estos proyectos (Diagnóstico de la situación actual de la ovinocultura en el estado de Tabasco y Programa de mejoramiento genético en ovinos Pelibuey) permitieron enriquecer el contenido del presente libro técnico.

Los objetivos del presente libro técnico consisten en indicar los requerimientos básicos y beneficios que se pueden obtener al implementar un programa de mejora genética en ovinos. Colateralmente, se mostrarán algunos indicadores productivos que se han obtenido en fincas ovinas localizadas en Tabasco, en donde se han utilizado cruzas de razas de tipo cárnico con razas de pelo, con el fin de mostrar un punto de referencia de la eficiencia de producción de los ovinos de razas de pelo sin apoyo de un programa de mejoramiento genético. Finalmente, se hace una propuesta de mejoramiento genético para las razas ovinas establecidas en Tabasco, México.

II. INDICADORES PRODUCTIVOS Y REPRODUCTIVOS EN REBAÑOS COMERCIALES Y EXPERIMENTALES EN EL ESTADO DE TABASCO, MÉXICO

En esta sección y en la siguiente se muestran resultados de investigación realizada en Tabasco a nivel de finca comercial y experimental. Cuando no se dispuso de información, se utilizó información de apoyo proveniente de otras instituciones localizadas en regiones tropicales.

Existen diversos indicadores que permiten conocer la eficiencia productiva y reproductiva de las ovejas. Sin embargo, antes de describir y conocer la magnitud de estos indicadores, es importante enfatizar que las características reproductivas, tienen un índice de herencia de baja magnitud, por lo que resulta determinante poner atención especial en los aspectos de tipo ambiental (por ejemplo, nivel de alimentación utilizado en determinada fase productiva) con el fin de optimizar este tipo de parámetros.

Edad y peso al primer apareamiento. No existen datos de referencia sobre la edad y peso de las corderas a su primer apareamiento que hayan sido generados en fincas de tipo comercial localizadas en Tabasco. Los datos que se muestran en la Tabla I, corresponden a información derivada de estudios experimentales realizados en Tabasco. Existe una amplia diferencia en la edad y peso al primer apareamiento, ambos son determinados de manera importante por el sistema de alimentación al cual se sometan las corderas. Una reducción en la edad al apareamiento implica proporcionar a las corderas un complemento alimenticio que permita que estas tengan una ganancia diaria de peso (GDP) postdestete mayor a 100 g.

El peso al primer apareamiento, lo determina el propietario y/o asesor técnico, sin embargo, las experiencias experimentales sugieren que las corderas Pelibuey y Blackbelly deben aparearse con un peso de al menos 26 kg cuando el sistema de alimentación suministrado tiene como base el pastoreo. Cuando se suministran dietas integrales, es conveniente aparear a las corderas cuando estas tienen un peso vivo de al menos 28 kg.

Tabla I. Edad y peso al primer apareamiento en corderas de razas de pelo, en Tabasco, México

Grupo racial	Edad, días	Peso, kg	Fuente
Pelibuey	300	27.0	Oliva-Hernández *et al.* (2008)
Pelibuey x Blackbelly	257	23.3	Méndez-Sánchez *et al.* (2008)
Pelibuey	208	26.1	Días-Arcos (2009)
Pelibuey	198	30.9	Pascual-Córdova *et al.* (2009)

Un aspecto adicional que se debe considerar al establecer la meta de edad y peso vivo al primer apareamiento, es la talla de la cordera. Existen estudios en la cordera Blackbelly de un año de edad (Dzib-Can *et al.*, 2005) que muestran una amplia variabilidad en la altura y peso de la cordera, circunstancia que debe considerarse, ya que corderas de talla pequeña no alcanzarán con facilidad un peso vivo superior a 26 kg en sistemas de alimentación que tienen como base de la alimentación el pastoreo. En estas circunstancias adquieran mayor importancia la edad y condición corporal de la cordera.

En la Tabla II se muestran resultados de dos estudios (Piñeiro-Vázquez *et al.*, 2009; Hernández-Orueta *et al.*, 2013) efectuados en corderas Pelibuey en donde una de las variables que se evaluó fue la altura a la cruz a una edad de 90 y 120 días bajo sistemas de alimentación diferentes. Es de resaltar la mayor altura que alcanzan las corderas Pelibuey con un sistema de alimentación intensivo con respecto a corderas alimentadas con heno de *Cynodon plectostachyus*.

Cuando las corderas Pelibuey son alimentadas con base en dietas integrales (Hernández-Orueta *et al.*, 2013), estas alcanzan a temprana edad (180 días) una altura similar al de ovejas adultas (con dos o más años de edad) que han sido alimentadas con base en el pastoreo (Tabla III).

11

Tabla II. Altura a la cruz en corderas Pelibuey alimentadas con diferente sistema de alimentación

Altura a la cruz, cm	Edad, d	Alimento	Fuente
49.7±0.90	90	Heno *C. plectostachyus*	Piñeiro-Vázquez *et al.* (2009)
50.5±0.80	120	Heno *C. plectostachyus*	Piñeiro-Vázquez *et al.* (2009)
51.5±0.60	90	Dieta integral	Hernández-Orueta *et al.* (2013)
55.6±0.60	120	Dieta integral	Hernández-Orueta *et al.* (2013)

Tabla III. Altura a la cruz en ovejas Pelibuey alimentadas con diferente sistema de alimentación

Altura a la cruz, cm	Edad, d	Alimento	Fuente
61.7±0.60	180	Dieta integral	Hernández-Orueta *et al.* (2013)
61.2±4.6	Más de dos años	Pastoreo	Martínez-Ávalos *et al.* (1987)

Peso al primer parto. De manera similar a lo señalado para edad y peso al apareamiento, no existen datos provenientes de fincas comerciales localizadas en Tabasco, México que indiquen el peso al primer parto en las ovejas de razas de pelo. Sin embargo, en estudios experimentales, las ovejas Pelibuey muestran un peso y una edad al primer parto de 32.2 kg y 357 días, respectivamente (Días-Arcos, 2009). Por su parte, las ovejas Pelibuey x Blackbelly, lograron su primer parto a una edad de 407 días (Méndez-Sánchez *et al.* 2008).

Producción de corderos al parto. En la Tabla IV se muestra el número de corderos nacidos en una finca ovina comercial localizada en Centla, Tabasco (Hinojosa-Cuéllar *et al*., 2005), mientras que en la Tabla V se muestra el número de corderos nacidos y destetados en ovejas de dos grupos raciales (García-Méndez *et al*., 2006). La información mostrada en ambas tablas, corrobora que las ovejas de razas de pelo tienen más de un cordero al nacimiento. El número de corderos nacidos tiene una baja heredabilidad (Warwick y Legates, 1980), por lo que resulta conveniente establecer estrategias de alimentación alrededor del apareamiento con el fin de incrementar el número de corderos nacidos. Sin embargo, se debe considerar que un incremento en el número de corderos puede estar asociado con mayor mortalidad de los corderos, sino se aplican prácticas tecnológicas orientadas a cubrir los requerimientos nutricionales de las ovejas y su camada.

Tabla IV. Número de corderos nacidos en una finca ovina comercial localizada en Centla, Tabasco, México

Grupo racial	Número de años evaluados	Número de corderos nacidos
Blackbelly	6	1.01 a 1.34
Pelibuey x Blackbelly	6	1.03 a 1.29
Cruza [a]	4	1.01 a 1.16

[a] Cruza = oveja híbrida cuya madre es Pelibuey x Blackbelly y padre Pelibuey, Dorper o Katahdin.

Adaptado de Hinojosa-Cuéllar *et al*. (2005).

Tabla V. Número de corderos nacidos y destetados durante los tres primeros partos en ovejas Blackbelly y Pelibuey x Blackbelly en una finca ovina comercial localizada en Centla, Tabasco, México

Grupo racial	Número promedio de corderos	
	Nacidos	Destetados
Blackbelly	1.15 a 1.28	0.90 a 1.18
Pelibuey x Blackbelly	1.09 a 1.29	0.86 a 1.22

Adaptado de García-Méndez *et al.* (2006).

Con respecto a los pesos de los corderos al nacimiento y destete, en las Tablas VI y VII se muestran los resultados obtenidos en una finca comercial localizada en Huimanguillo, Tabasco. En términos generales, los corderos Pelibuey son los menos pesados al nacimiento con respecto a los corderos híbridos, Katahdin y Dorper. Al destete destaca la superioridad de los corderos Dorper sobre el resto de los grupos raciales, sin que se logre detectar una clara ventaja en el peso al destete de los corderos Katahdin e híbridos sobre el de los Pelibuey.

En otro estudio (Ríos-Utrera *et al.*, 2013) desarrollado en la región subtropical húmeda de México con corderos de diferente grupo racial, se documenta que el grupo racial del cordero influyó sobre su peso al nacimiento, ganancia diaria de peso ajustada a 90 días de edad y peso al destete ajustado a 90 días de edad (Tabla VIII). Los resultados obtenidos en el trabajo señalado previamente muestran evidencias que indican que los corderos híbridos provenientes de madres Blackbelly con padres Dorper o Katahdin tienen una menor eficiencia predestete que la de aquellos corderos con madre Pelibuey y padre Dorper o Katahdin.

Tabla VI. Peso al nacimiento promedio de corderos de diferentes grupos raciales en Huimanguillo, Tabasco, México

Grupo racial del cordero dentro de año de nacimiento	N*	Peso al nacer, kg
2003 Pelibuey	159	2.6 ± 0.05 [a]
2003 Pelibuey x Dorper	71	3.0 ± 0.07 [b]
2003 Pelibuey x Katahdin	77	2.9 ± 0.07 [b]
2003 Dorper	26	4.1 ± 0.13 [c]
2004 Pelibuey	118	2.9 ± 0.06 [a]
2004 Pelibuey x Dorper	25	3.2 ± 0.13 [b]
2004 Katahdin	23	3.5 ± 0.13 [c]
2004 Pelibuey x Katahdin	65	3.2 ± 0.08 [b]
2004 Dorper	19	3.4 ± 0.14 [bc]

*N= número de observaciones; a, b, c valores con diferente superíndice dentro de columna y mismo año indican diferencia significativa (P<0.01).

Adaptado de Hinojosa-Cuéllar *et al.* (2009)

Tabla VII. Promedios en los pesos al destete (PD) y en la ganancia diaria de peso (GDP) predestete de corderos con diferente grupo racial en Huimanguillo, Tabasco, México

Grupo racial del cordero dentro de año de nacimiento	N	PD, kg	GDP, g
2003 Pelibuey	88	13.7±0.52 [a]	111±7 [a]
2003 Pelibuey x Dorper	49	13.0±0.68 [a]	141±10 [b]
2003 Pelibuey x Katahdin	53	15.0±0.66 [b]	130±10 [ab]
2003 Dorper	21	19.8±1.04 [c]	166±16 [b]
2004 Pelibuey	60	17.0±0.63 [a]	166±9 [a]
2004 Pelibuey x Dorper	16	17.2±1.13 [a]	178±18 [a]
2004 Katahdin	21	17.9±0.99 [a]	149±16 [ab]
2004 Pelibuey x Katahdin	35	13.7±0.78 [b]	134±12 [b]
2004 Dorper	18	21.2±1.06 [c]	156±17 [ab]

N= número de observaciones; a, b, c valores con diferente superíndice dentro de la misma columna y mismo año o mismo efecto principal indican diferencia significativa ($P<0.01$).

Adaptado de Hinojosa-Cuéllar et al. (2009)

16

Tabla VIII. Medias de cuadrados mínimos de características predestete de corderos de pelo por grupo racial en el trópico subhúmedo de Puebla, México

Grupo racial	PN, kg *	GDP-Aj-90, g *	PD-Aj-90, kg *
Dorper x Blackbelly	2.8 ± 0.08 [bc]	102 ± 5 [b]	11.9 ± 0.47 [ab]
Dorper x Pelibuey	2.9 ± 0.08 [a]	97 ± 5 [abc]	11.6 ± 0.45 [abc]
Katahdin x Blackbelly	2.7 ± 0.09 [cd]	95 ± 5 [cd]	11.2 ± 0.51 [bcd]
Katahdin x Pelibuey	2.9 ± 0.07 [ab]	104 ± 4 [a]	12.3 ± 0.39 [a]
Pelibuey x Blackbelly	2.7 ± 0.08 [cd]	85 ± 5 [d]	10.4 ± 0.47 [d]
Pelibuey	2.6 ± 0.07 [d]	93 ± 4 [cd]	11.0 ± 0.38 [d]

PN= peso al nacimiento, GDP-Aj-90= ganancia diaria de peso predestete ajustada a 90 días de edad, PD-Aj-90= peso al destete ajustado a 90 días de edad, *P<0.001.

Adaptado de Ríos-Utrera et al. (2013)

Intervalo parto-concepción e intervalo entre partos. En las Tablas IX y X se muestran el intervalo parto-concepción y el intervalo entre partos en ovejas de diferentes grupos raciales considerando el número de parto. Durante los tres primeros partos no se detecta amplia variación en el comportamiento reproductivo de las ovejas Blackbelly y F1 Pelibuey x Blackbelly sometidas a apareamiento continuo.

Cadenas-Cruz et al. (2012) estudiaron la eficiencia reproductiva de las ovejas Blackbelly en pastoreo con un marginal nivel de complementación alimenticia durante seis años (considerando como inicio la fecha del primer parto), registrándose amplia variación en los intervalos del parto a la concepción (81±62 días) y entre partos (231±62 días). Las ovejas de cuarto parto mostraron el menor intervalo del parto a la concepción y las del onceavo parto mostraron la mayor variación reproductiva. Un dato interesante del estudio referido indica que del total de ovejas estudiadas que lograron la gestación (n=531), el 52.5% logro la concepción dentro de

17

los primeros 60 días posparto y 72.4% a los 90 días posparto. El resultado anterior muestra la alta capacidad reproductiva de este tipo de ovejas ante un sistema de alimentación que incluye el pastoreo como un componente importante del manejo integral del rebaño.

Tabla IX. Eficiencia reproductiva de ovejas Blackbelly durante sus tres primeros partos

Número de parto	Intervalo parto-concepción, días	Intervalo entre partos, días
1	77 ± 5.7^1 (57)	227 ± 5.7 (57)
2	67 ± 5.7 (59)	217 ± 5.7 (59)
3	70 ± 6.3 (59)	220 ± 6.3 (59)

[1] Media ± error estándar; el número entre paréntesis indica el número de observaciones

Adaptado de García-Méndez *et al.* (2006)

Tabla X. Eficiencia reproductiva de ovejas F1 Pelibuey x Blackbelly durante sus tres primeros partos

Número de parto	Intervalo parto-concepción, días	Intervalo entre partos, en días
1	81 ± 5.2^1 (64)	231 ± 5.2 (64)
2	79 ± 6.1 (64)	229 ± 6.1 (64)
3	86 ± 7.9 (62)	236 ± 7.9 (62)

[1] Media ± error estándar; el número entre paréntesis indica el número de observaciones

Adaptado de García-Méndez *et al.* (2006)

Los valores en el intervalo parto-concepción registrados en los estudios de García-Méndez *et al.* (2006) y Cadenas-Cruz *et al.* (2012) indican que un alta proporción de las ovejas logran preñarse alrededor de los tres meses posparto, circunstancia que puede tomarse como referencia para aplicar estrategias de alimentación que permitan minimizar las pérdidas de peso y de condición corporal de las ovejas durante la lactancia y con ello favorecer la ocurrencia del estro fértil posparto.

Estacionalidad reproductiva. Las ovejas de razas de pelo muestran comportamiento reproductivo anual variable, con reducido anestro estacional o ausencia del mismo (Hinojosa-Cuéllar y Oliva-Hernández, 2009; Arroyo, 2011). Este tipo de comportamiento reproductivo otorga a las ovejas de razas de pelo una excelente oportunidad para generar corderos de manera uniforme a través del año.

La exposición continúa de las ovejas al carnero para su apareamiento, permite identificar los momentos del año en que ocurre una mayor frecuencia de concepciones y partos subsecuentes de manera natural. Al respecto, Hinojosa-Cuéllar y Oliva-Hernández (2009) evaluaron la frecuencia de partos en ovejas de razas de pelo que fueron apareadas con un manejo reproductivo que implico exposición continúa de las hembras a diferentes carneros durante varios años (Tablas XI, XII y XIII). El estudio referido previamente, se realizó en Centla, Tabasco, México y consideró la influencia de la época climática del año en que ocurrieron los partos.

En las Tablas XI y XII se puede observar como las ovejas primíparas y multíparas de los grupos raciales Blackbelly y F1 Pelibuey x Blackbelly mostraron una menor variación en la concepción a través del año con respecto a un grupo de ovejas (primíparas y multíparas) denominado cruza.

En las ovejas multíparas de los tres grupos raciales estudiados por Hinojosa-Cuéllar y Oliva-Hernández (2009) se detectó una mayor ocurrencia de partos durante la época climática de nortes (noviembre a enero), por lo que puede inferirse que la mayor frecuencia de concepciones tuvo que haber ocurrido cinco meses antes, es decir, en los meses de junio a agosto, lo que concuerda con lo reportado bajo condiciones de clima cálido húmedo para este tipo de ovejas (Hinojosa-Cuéllar *et al.*, 2005).

Los resultados mostrados en las tablas XI, XII y XIII indican, que en condiciones de calor y humedad, las primíparas y multíparas del grupo Cruza muestran una mayor estacionalidad reproductiva con respecto a las primíparas y multíparas Blackbelly y F1 Pelibuey x Blackbelly, por lo que las estrategias de manejo reproductivo podrían ser diferentes en esos grupos raciales.

Es necesario hacer notar que durante la época climática de nortes (noviembre a enero) en la región tropical húmeda de México, se presenta un incremento en la velocidad del viento y en la duración diaria del período de lluvias, circunstancias que favorecen la presentación de enfermedades de tipo respiratorio (Nava-López *et al.*, 2006), por lo que un incremento de la ocurrencia de partos durante la época de nortes pudiera incrementar la mortalidad perinatal, sobre todo en aquellas fincas en donde el evento parto ocurre a nivel de pradera y/o en aquellas fincas con instalaciones con baja protección contra los efectos negativos del viento frío y una alta humedad del ambiente.

Probablemente las ovejas primíparas del grupo Cruza, al poseer una mayor proporción de genes de razas pesadas y especializadas en la producción de carne (esto es, Dorper y Katahdin), sean más susceptibles a los efectos negativos de los factores ambientales predominantes en regiones con clima cálido y húmedo sobre la ganancia de peso y la actividad reproductiva posparto.

Al parecer, la tendencia en la frecuencia de partos, considerando todos los grupos raciales, igualmente indica mayor frecuencia de partos en la época de nortes, la cual corresponde a los meses de noviembre a enero. De acuerdo a lo anterior, los meses en los que hay más actividad sexual, en lo que se refiere a concepciones, son los meses de junio a agosto. Algunos autores (Galina *et al.*, 1996; Lucas-Tron *et al.*, 1997; Trujillo-Quiroga *et al.*, 2007) señalan que la estacionalidad reproductiva de las ovejas está determinada por el fotoperíodo, siendo los días más largos responsables de una baja actividad sexual. Los resultados muestran que las cruzas de Blackbelly con Pelibuey, Dorper y Katahdin (bajo condiciones de Centla, Tabasco), tienen la mayor actividad sexual, medida en concepciones, en los meses de junio, julio y agosto (meses en los cuales la duración de las horas luz es larga) (Oliva-Hernández *et al.*, 2002). A este grupo de ovejas (Cruzas), el componente genético de las razas Dorper y Katahdin (bajo las condiciones de Centla) las hace más susceptibles a otros factores que determinan su actividad sexual y por ende su estacionalidad reproductiva. Al parecer, las hembras Blackbelly, y sobre todo las F1 Pelibuey x Blackbelly, son menos vulnerables a los componentes asociados a la época climática.

Dado que las hembras se mantienen en pastoreo, se puede plantear la hipótesis que durante las lluvias (junio a agosto) se produce mayor forraje, lo que conlleva a una mayor oferta de nutrientes a nivel de pradera; esta circunstancia ejerce un efecto tipo "Flushing", ya que permite que la oveja recupere el peso perdido en la época de estiaje, y ocasiona un efecto positivo sobre el reinicio de la actividad ovárica. Se requiere realizar estudios para comprobar este supuesto que significaría que a través de la alimentación adecuada de las hembras, se tendría una excelente herramienta para la programación de partos durante todo el año, o bien, cuando el mercado demande corderos destetados, sorteando las épocas de mayor mortalidad.

Es necesario considerar que la eficiencia reproductiva de las ovejas puede estar afectada por el número de parto y por su condición corporal previa al apareamiento. Por ejemplo, las ovejas primalas (ovejas que no han experimentado un parto) generalmente se encuentran en buena condición corporal previo al apareamiento (independientemente del sistema de alimentación recibido) y cuando este tipo de ovejas se exponen a un manejo reproductivo que implica apareamiento continuo, como en el detallado por Hinojosa-Cuéllar y Oliva-Hernández (2009), existen altas posibilidades de que el apareamiento ocurra cuando las ovejas primalas muestren la pubertad (generalmente después de los 20 kg). A diferencia de las primalas, las ovejas primíparas y multíparas son apareadas durante o al final de la lactancia, etapa en donde la hembra pierde peso vivo y se encuentra en un balance energético negativo (Godfrey *et al.*, 1997).

Tabla XI. Frecuencias absolutas y porcentaje de partos en ovejas por grupo racial y época climática de parto

Época climática de parto	Grupo racial de la oveja					
	Blackbelly		F_1 Pelibuey x Blackbelly		Cruza [1]	
	Frecuencia	% [2]	Frecuencia	%	Frecuencia	%
Lluvias (mayo a julio)	95	20.6 [a]	248	19.3 [a]	349	14.2 [a]
Lluvias (agosto a octubre)	125	27.1 [b c]	317	24.6 [b]	528	21.5 [c]
Nortes (noviembre a enero)	143	31.0 [c]	469	36.4 [c]	1124	45.8 [d]
Seca (febrero a abril)	98	21.3 [a b]	254	19.7 [a]	453	18.5 [b]
Total	461	100.0	1288	100.0	2454	100.0

[a,b,c,d] Valores con diferente superíndice dentro de la misma columna indican diferencia significativa (P<0.01);

[1]Cruza= hembras Blackbelly y F1 Pelibuey x Blackbelly apareadas con carneros Dorper y Katahdin;

[2]Calculado con relación al valor absoluto total dentro de cada grupo racial.

Adaptado de Hinojosa-Cuéllar y Oliva-Hernández (2009)

Tabla XII. Frecuencias absolutas y porcentaje de partos de ovejas primíparas de razas de pelo de acuerdo a la época climática de parto

Época climática de parto	Grupo racial de la oveja					
	Blackbelly		F1 Pelibuey x Blackbelly		Cruza [1]	
	Frecuencia	$\%$ [2]	Frecuencia	$\%$	Frecuencia	$\%$
Lluvias (mayo a julio)	3	6.5 [a]	20	9.0 [a]	79	9.0 [a]
Lluvias (agosto a octubre)	24	52.2 [b]	60	27.0 [b]	151	17.1 [b]
Nortes (noviembre a enero)	16	34.8 [b]	83	37.4 [b]	430	48.7 [d]
Seca (febrero a abril)	3	6.5 [a]	59	26.6 [b]	223	25.2 [c]
Total	46	100.0	222	100.0	883	100.0

a, b, c, d valores con diferente superíndice dentro de la misma columna indican diferencia significativa ($P<0.01$); 1, Grupo "Cruza" = hembras Blackbelly y F1 Pelibuey x Blackbelly apareadas con carneros Dorper y Katahdin. 2, calculado con relación al valor absoluto total dentro de cada grupo racial.

Adaptado de Hinojosa-Cuéllar y Oliva-Hernández (2009)

Tabla XIII. Frecuencias absolutas y porcentaje de partos de ovejas multíparas de acuerdo a la época climática de parto

Época climática de parto	Grupo racial de la oveja					
	Blackbelly		F1 Pelibuey x Cruza Blackbelly			
	Frecuencia	$\%^2$	Frecuencia	%	Frecuencia	%
Lluvias (mayo a julio)	92	22.2 [a]	228	21.4 [a]	270	17.2 [a]
Lluvias (agosto a octubre)	101	24.3 [ab]	257	24.1 [a]	377	24.0 [b]
Nortes (noviembre a enero)	127	30.6 [b]	386	36.2 [b]	694	44.2 [c]
Seca (febrero a abril)	95	22.9 [a]	195	18.3 [a]	230	14.6 [a]
Total	415	100.0	1066	100.0	1571	100.0

a, b, c valores con diferente superíndice dentro de la misma columna indican diferencia significativa (P<0.01); 1, Grupo "Cruza" = hembras Blackbelly y F1 Pelibuey x Blackbelly apareadas con carneros Dorper y Katahdin. 2, calculado con relación al valor absoluto total dentro de cada grupo racial.

Adaptado de Hinojosa-Cuéllar y Oliva-Hernández (2009)

Vida productiva. En un estudio efectuado con ovejas Blackbelly en pastoreo de gramíneas durante seis años de producción se determinó su vida productiva y reproductiva (Cadenas-Cruz *et al.*, 2012). El referido estudio se realizó con información proveniente de una finca ovina de tipo comercial, ubicada en Centla, Tabasco. El manejo reproductivo al que estuvieron expuestas las ovejas correspondió a un apareamiento continuo, es decir, las ovejas estuvieron en contacto permanente con carneros. La eficiencia reproductiva mostradas por las ovejas Blackbelly se muestra en la Tabla XIV. Los autores del citado trabajo concluyen que bajo condiciones de pastoreo y complementación alimenticia marginal, el número de parto de las ovejas Blackbelly afecta el peso de la camada al destete y el intervalo del parto a la concepción. El porcentaje de partos múltiples no fue afectado por el número de parto y se presentó en baja magnitud (<26%).

Tabla XIV. Indicadores productivos en ovejas Blackbelly a través de seis años de producción en Centla, Tabasco, México

Tipo de variable	Media ± DE[1]
Número total de partos por oveja en seis años de evaluación	9.3±1.3
Intervalo parto concepción, en días	81±62
Intervalo entre partos, en días	231±62
Total de corderos nacidos por oveja en seis años de producción	11.6±2.0
Total de corderos destetados por oveja en seis años de producción	10.1±2.3
Número de corderos destetados por oveja considerando el número de años en producción	1.97±0.5

1, DE= Desviación estándar

Adaptado de Cadenas-Cruz et al. (2012)

En otro estudio desarrollado con ovejas Pelibuey x Blackbelly alimentadas con base en el pastoreo sobre gramíneas y complementación alimenticia de tipo estratégica (aportada en el período de apareamiento, 30 días preparto y durante la lactancia de 56 días), Cadenas-Cruz y Oliva-Hernández (2009) determinaron la frecuencia de eliminación de las ovejas considerando: etapa y causa de eliminación o muerte de las ovejas desde su etapa de corderas. Adicionalmente, evaluaron el comportamiento productivo de las ovejas a través del número de corderos nacidos y destetados y el comportamiento reproductivo, por medio de la frecuencia con que las ovejas logran el parto. Los resultados del estudio mostraron que en el momento en que el grupo de ovejas se encontraba en el cuarto parto, estas habían generado en promedio 1.4 corderos nacidos por parto y 1.38 corderos destetados por hembra. Hasta el momento de ocurrir el cuarto parto, el número de partos por oveja fue de 3.25 partos (52 partos totales/16 ovejas). Los autores del trabajo referido concluyen que en condiciones de pastoreo con complementación alimenticia, la mayor frecuencia de eliminación de ovejas ocurre durante su primer manejo reproductivo,

25

siendo la condición de falla reproductiva la causa de eliminación. Entre el segundo y cuarto parto, las ovejas mostraron estabilidad productiva y reproductiva, ya que no se eliminó ninguna oveja.

En resumen, las ovejas púberes de razas de pelo deben recibir su primer apareamiento cuando estas se encuentren en buena condición corporal y un peso vivo que considere la variabilidad en la altura a la cruz dentro de una misma raza (ovejas de talla pequeña se apareáran a menos peso vivo que las de talla grande). La edad en que ocurre el primer apareamiento esta influido de manera importante por el nivel de consumo de energía metabolizable (Mcal de EM/ d) y proteína cruda (g de PC) al que es expuesta la oveja y por la duración del fotoperíodo.

Existe limitada información sobre el peso vivo y condición corporal al parto, por lo que se deberá generar este tipo de información relacionándola con su eficiencia productiva y reproductiva posterior al parto.

La condición prolífica de las ovejas de pelo (número de corderos nacidos por parto) solo se expresa de manera importante cuando estas reciben complementación alimenticia (fundamentalmente durante previo al período de apareamiento).

La productividad de las ovejas en lactación resulta influida por el nivel de consumo de energía metabolizable (Mcal de EM/ d) y proteína cruda (g de PC) que les permite el sistema de alimentación al que son expuestas (pastoreo, pastoreo con complementación alimenticia, dietas integrales) y por el grupo racial de los corderos. La falta de una evidencia clara de la superioridad productiva predestete de los corderos híbridos provenientes de padres Dorper o Katahdin pudiera atribuirse a que los programas de alimentación para ovejas y corderos no consideran las altas demandas de nutrimentos de estos genotipos.

Una alta proporción (72%) de ovejas logra quedar gestante antes de los tres meses posparto. Esta proporción pudiera incrementarse aplicando estrategias de complementación alimenticia durante el preparto y lactancia.

En las ovejas de pelo, la ocurrencia de partos se presenta a través de todo el año de manera variable, circunstancia que indica que este tipo de ovejas muestra estacionalidad reproductiva de corta duración en la región tropical (con reducido anestro estacional o ausencia del mismo).

La vida útil de las ovejas de pelo no se ha estudiado plenamente, una aproximación indica que las ovejas son capaces de lograr en seis años 9.3 partos y producir 11.6 corderos nacidos y 10.1 corderos al destete. Sin embargo, a los seis años de producción el 37% de las ovejas reproductoras es eliminado del rebaño.

Las evidencias experimentales indican que la principal causa de eliminación de las ovejas es la falla reproductiva (hembras que no muestran estro, hembras que muestran estro se aparean, pero, no logran la concepción y el parto subsecuente).

III. INDICADORES PRODUCTIVOS EN LOS OVINOS DESTINADOS AL ABASTO EN TABASCO, MÉXICO

La eficiencia de crecimiento de los corderos en finalización se aborda considerando el sistema de alimentación utilizado, aclarando en cada situación el grupo racial utilizado.

Alimentación con base exclusiva en el pastoreo. La mayor parte de los estudios de crecimiento con ovinos en pastoreo, carecen de indicadores sobre el manejo de la pradera (p. ej., ovinos por ha, días de ocupación y descanso de la pradera, estado de la pradera antes y después del pastoreo) y sólo se limitan a mostrar la GDP y los cambios en el peso vivo de los corderos. Esta situación plantea varias incertidumbres entre las cuales destacan: a) ¿el nivel de consumo voluntario de los ovinos que son finalizados en un sistema de alimentación con base en el pastoreo sobre gramíneas tropicales no permite cubrir los requerimientos de energía metabolizable y proteína cruda para obtener una GDP superior a 100 g?; b) ¿existe un mal manejo de la pradera, por lo que se obtiene una baja GDP?; c) ¿las condiciones climáticas (p. ej., valores extremos en la temperatura ambiente y humedad relativa) a las que son sometidos los ovinos durante el pastoreo explican la baja GDP obtenida? y d) ¿existe suficiente variación individual en la GDP, como para hacer un programa de selección para generar animales que se puedan finalizar en pastoreo?.

No se dispone de información generada en Tabasco que documente la edad y peso vivo al mercado, la GDP y composición corporal de corderos finalizados en pastoreo. En la Tabla XV se muestran las GDP de corderos que fueron utilizados como parte de un grupo control, esto es, alimentación con base exclusiva en pastoreo de gramíneas tropicales. Los resultados obtenidos indican una GDP reducida. Si se proyecta un escenario con una GDP de 50 g y un cordero con 15 kg al destete, este requiere 400 días para ganar 20 kg y lograr 35 kg de peso vivo (peso promedio de venta al mercado para ovinos de razas de pelo en Tabasco, México).

Tabla XV. Ganancia diaria de peso (GDP) en corderos alimentados con base en el pastoreo sobre gramíneas tropicales en Tabasco, México

Tipo de cordero	GDP, en g	Fuente
Pelibuey x Blackbelly (macho) con 18 kg	46	Mata-Espinosa *et al.* (2006)
Pelibuey x Blackbelly x Dorper (macho) con 18 kg	77	Obrador-Olán *et al.* (2007)
Corderas híbridas de razas de pelo	43	Luna-Palomera *et al.* (2010)

En la Tabla XVI se muestran los pesos vivos de corderos Pelibuey en pastoreo sobre *Digitaria decumbens* y *Panicum maximum* en Aldama, Tamaulipas (Aw_o) (González *et al.*, 2002). Los resultados mostrados corresponden a corderos provenientes de parto simple, y muestran que en el caso de los corderos machos, es factible reducir los días a mercado en un sistema de pastoreo sobre gramíneas tropicales. La GDP postdestete de los corderos se calculó con los datos de la referida tabla, obteniéndose una ganancia de 102 g por día. En el caso de las corderas, la GDP postdestete fue de 82 g. En ambos casos, machos y hembras, se observa que a los ocho meses, existe una amplia diferencia en el peso final del cordero más liviano con respecto al más pesado, lo que resalta la importancia de generar conocimiento orientado a identificar y controlar las causas que generan la variación en la GDP lograda con este sistema de alimentación.

Tabla XVI. Peso vivo de corderos Pelibuey provenientes de partos simples y finalizados en pastoreo en finca localizada en la región trópico seco

Sexo	Etapa	N	Media ± DE	Valor mínimo y máximo
Hembras	Nacimiento	42	2.6±0.06	1.9 y 3.3
	Dos meses	26	11.0±0.34	5.9 y 14.5
	Ocho meses	20	25.7±0.70	20.4 y 31.5
Machos	Nacimiento	46	2.8±0.08	1.5 y 3.7
	Dos meses	19	11.8±0.5	7.9 y 15.6
	Ocho meses	15	30.2±0.8	26.0 y 35.0
Ambos sexos	Nacimiento	88	2.7±0.05	1.5 y 3.7
	Dos meses	45	11.3±0.29	5.0 y 15.6
	Ocho meses	35	27.6±0.65	20.4 y 35.0

N= número observaciones; DE= desviación estándar.

Modificado de González *et al.* (2002).

Alimentación con base en pastoreo y complementación alimenticia. El crecimiento y finalización de corderos con este sistema de alimentación ha sido documentado en diversos estudios efectuados en Tabasco, México. Las principales diferencias entre estudios, consisten en el tipo y cantidad de complemento alimenticio utilizado.

Con el propósito de facilitar el uso de la información generada, el tipo de complemento alimenticio se clasificará en dos categorías: comercial y regional. En el complemento alimenticio comercial, se incluyen los resultados de trabajos efectuados con un complemento de tipo comercial o dieta experimental elaborada con ingredientes convencionales. En el complemento alimenticio regional, se incluyen

30

diversos complementos elaborados con base en follaje de árboles, arbustivas y leguminosas.

En la Tabla XVII se muestran algunos indicadores de eficiencia en la finalización en corderos Pelibuey en pastoreo con complemento alimenticio comercial.

Tabla XVII. Indicadores de eficiencia en la finalización de corderos alimentados con base en pastoreo y complementación alimenticia en Tabasco, México

Tipo de cordero	Peso inicial, en kg	GDP[1], en g	Peso final, en kg	Localidad del estudio	Fuente
Pelibuey, macho	22.0	145	37.8	Huimanguillo	Oliva-Hernández y Vidal-Baeza (2001)
Blackbelly, hembra y macho	13.3 14.1	79 96	18.9 25.4	Centro	González-Garduño et al. (2002)
Pelibuey, macho	13.0	190	40.0	Centro	Mora-Morelos et al. (2003)
Pelibuey x Blackbelly, hembra	13.2	43	16.0	Huimanguillo	Cadenas et al. (2010)
Pelibuey x Blackbelly, hembra	17.0	77	23.5	Huimanguillo	López-Quen et al. (2008)
Pelibuey, hembra	15.0	107	26.0	Huimanguillo	Díaz-Arcos et al. (2008)

1, GDP= ganancia diaria de peso

31

Las mayores GDP postdestete obtenidas, corresponden a los corderos machos que recibieron un nivel de complementación alimenticia alto (Oliva-Hernández y Vidal-Baeza, 2001; Mora-Morelos *et al.*, 2003). Las corderas mostraron la GDP más baja, con respecto a los machos, en estudios futuros se deberán evaluar diversos niveles de complementación para corderas en pastoreo, con el propósito de identificar en cuál nivel se logra obtener una GDP igual o mayor a 150 g.

El rendimiento en canal y la composición corporal de los corderos Pelibuey en pastoreo y complementación alimenticia, se muestra en la Tabla VIII. El rendimiento de la canal resultó inferior al 50% y las dos regiones corporales con mayor peso fueron el tórax y la pierna.

Tabla XVIII. Rendimiento en canal y composición corporal de los corderos Pelibuey en pastoreo con complementación alimenticia

Variable	Media ± error estándar
Peso final, kg	37.3±0.7
Peso vacío, en kg	33.0±0.7
Peso de la canal, en kg	16.0±0.6
Rendimiento verdadero, %	48.9±1.6
Rendimiento en canal, %	43.2±1.1
Rendimiento en músculo, %	14.1±0.4
Rendimiento en huesos, %	32.5±1.0
Rendimiento en grasa, %	3.8±0.6
Grasa interna, en kg	1.4±0.2
Cabeza, en kg	1.6±0.05
Piel, en kg	3.6±0.1
Composición de la canal, en kg	
Tórax kg	2.6±0.16
Abdomen kg	1.7±0.08
Pierna kg	2.1±0.08
Brazo-brazuelo kg	2.0±0.05

Adaptado de Oliva y Vidal (1997)

El follaje de árboles, arbustos y leguminosas se ha estudiado como complemento alimenticio para corderos durante su finalización.

En la Tabla XIX se muestra el tipo de follaje y la GDP de los corderos reportada en Cárdenas, Tabasco (Mata-Espinosa *et al.*, 2006).

Tabla XIX. Ganancia diaria de peso postdestete (GDP) en corderos hibrídos[1] alimentados con pastoreo sobre *Cynodon plectostachyus* y diversos tipos de follaje de leguminosas ofrecidos a razón del 1.5 % del peso vivo del cordero

Tipo de alimentación	GDP, en g
Solo pastoreo	46.1±5.9 [b]
Pastoreo más concentrado comercial	81.6±6.2 [a]
Pastoreo más harina de cocoite (*Gliricidia sepium*)	48.1±5.9 [b]
Pastoreo más harina de morera (*Morus alba*)	63.2±6.2 [ab]
Pastoreo más harina de tulipán (*Hibiscus rosa-sinensis*)	77.1±5.9 [a]

1, Corderos Pelibuey x Blackbelly con 18.3±1.6 kg de peso vivo inicial

Mata-Espinosa *et al.* (2006)

En corderas se ha estudiado la influencia del nivel de inclusión de harina de palmiste (semilla de la palma africana) en el complemento alimenticio sobre la GDP. En la Tabla XX se muestra la GDP obtenida con este tipo de complemento alimenticio, el cual se ofreció en cantidades crecientes, 300 g por cordera durante 56 días y 500 g en los 56 días subsiguientes. Independientemente del nivel de inclusión de la harina de palmiste, las corderas que recibieron el complemento alimenticio mostraron una mayor GDP con respecto a las corderas que estuvieron alimentadas únicamente con base en pastoreo.

Tabla XX. Ganancia diaria de peso postdestete (GDP) en corderas Blackbelly y Pelibuey en pastoreo más complementación alimenticia

Variable	Únicamente Pastoreo	Nivel de inclusión de harina de palmiste en el complemento alimenticio, en %	
		0	30
GDP, en g	42.8 ± 7.7 [b]	109.4 ± 7.3 [a]	109.5 ± 7.3 [a]

Modificado de Luna-Palomera et al. (2010)

Alimentación con base en dietas integrales. En el estado de Tabasco, México el crecimiento de corderos en estabulación se ha estudiado fundamentalmente en grupos raciales híbridos, cuyas razas paternas estudiadas han sido Dorper, Katahdin, Ile de France, Dorset y Texel, y las cruzas de tipo materno Pelibuey x Blackbelly (Berumen et al., 2003, 2006). En las Tablas XXI y XXII se muestran las GDP de los grupos raciales indicados previamente.

Tabla XXI. Ganancia diaria de peso (GDP) postdestete en corderos híbridos alimentados con dietas integrales en Centro, Tabasco, México

Época climática	Grupo racial del cordero		
	F1 Katahdin x Pelibuey	Pelibuey	Blackbelly
Nortes	179	131	145
Sequía	236	179	164

Modificado de Berumen et al. (2003)

Tabla XXII. Ganancia diaria de peso (GDP) postdestete en corderos híbridos alimentados con dietas integrales, Centro, Tabasco, México

Época de finalización	Raza paterna del cordero				
	Texel	Dorper	Katahdin	Ile de France	Dorset
Invierno-primavera	144	154	118	116	
Primavera-verano	149	174	173	163	156

Modificado de Berumen *et al.* (2006)

Es de resaltar que en los grupos raciales señalados previamente, no se logró, en promedio, obtener una GDP superior a los 200 g por día. Sin embargo, los corderos provenientes de las razas paternas Dorper y Katahdin, destacaron por lograr una mayor GDP con respecto al resto de los grupos raciales estudiados.

En estudios efectuados en el estado de Veracruz (Ferrer *et al.*, 2002) y Tamaulipas (Martínez *et al.*, 2002), con corderos híbridos y de razas puras, se ha logrado obtener una GDP superior a los 200 g, cuando estos se mantienen en estabulación y reciben dietas integrales. En la Tabla XXIII se muestra la influencia del tipo de piso sobre la GDP de corderos Katahdin x Pelibuey x Blackbelly, mientras que en la Tabla XXIV se indican diferencias en la GDP atribuidas a grupo racial.

Tabla XXIII. Influencia del tipo de piso sobe la ganancia diaria de peso (GDP) de corderos híbridos alimentados con una dieta integral

Tipo de piso	GDP, en g
Concreto	208±2.2
De rejilla elevado	280±1.1

Adaptado de Ferrer *et al.* (2002)

Tabla XXIV. Influencia del grupo racial sobe la ganancia diaria de peso (GDP) de corderos híbridos alimentados con una dieta integral

Grupo racial	N [1]	GDP, en g	Fuente
Dorper	31	287	
Pelibuey Tabasco	10	253	
Pelibuey	18	218	
Suffolk	14	224	Martínez *et al.* (2002)
Dorper x Katahdin	8	270	
Pelibuey	8	198	Rodríguez *et al.* (2002)

1, N= número de observaciones

IV. IMPORTANCIA DEL MEJORAMIENTO GENÉTICO EN EL SISTEMA DE PRODUCCIÓN OVINO

Sin duda, el fundador del mejoramiento animal fue Mendel (1865). Los principios de genética de poblaciones los desarrollo Wright (1921) y le dieron seguimiento Lush y sus estudiantes, quienes proporcionaron las bases para el uso de la estadística en el mejoramiento de los animales domésticos y tuvo una gran influencia alrededor del mundo (Lupton, 2008).

El mejoramiento genético ha permitido grandes avances en la producción animal, sobre todo en especies monogástricas como cerdos y aves. También en especies poligástricas se han logrado avances importantes, como es el caso del ganado bovino lechero, en el que se ha logrado un incremento sostenido de producción basado en el mejoramiento genético. Aumentos sustanciales de 3,500 kg de leche, 130 kg de grasa y 100 kg de proteína por vaca por lactación, son resultado del mejoramiento genético, nutricional y de manejo en los últimos 20 años. Sin embargo, un incremento en variables productivas, se ha asociado con una menor eficiencia reproductiva (en algunos casos). Por ejemplo, en ganado bovino lechero el intervalo parto-concepción se ha incrementado en 24 días. La proporción genética de este avance en las características productivas, se estima que es alrededor del 55% y aproximadamente de un tercio en el intervalo parto concepción. Las ganancias genéticas en la vida productiva se han acumulado de aproximadamente 1.7 a 1.2 desviaciones estándar desde 1980 (Shook, 2006).

Al principio, cuando se iniciaron las valoraciones genéticas para producción de proteína en leche por lactancia, se logró incrementos rápidos desde 34% en las vacas nacidas en 1977 respecto a las nacidas en 1970, a 60% en las nacidas en 1979 y 91% en 1983.

En ovinos, Hazel y Terril (1945) hicieron numerosos estudios sobre el cálculo de heredabilidad de las características de importancia económica e índices de selección, principalmente en ovinos de lana. Fogarty (1995) hizo una revisión sobre los parámetros genotípicos y fenotípicos sobre medidas de crecimiento, producción de lana y características reproductivas en los ovinos. Esta información ha contribuido al mejoramiento de los ovinos en todo el mundo. Actualmente, Australia es el país que mantiene la mayor base de datos de ovinos del mundo y la utiliza para calcular valores genéticos con gran confiabilidad y que soportan los programas de mejoramiento con cruzamientos terminales, doble propósito y habilidad materna (Lupton, 2008).

Aún existe consenso en que los métodos estadísticos, en los cuales se usan grandes bases de datos para calcular los valores genéticos de los animales, son los métodos más eficientes genéticamente. En algunos programas de mejora, se utilizan centrales de prueba y se han acreditado por la industria ovina, ya que se han logrado ciertos avances en algunas características como tamaño corporal, peso de la lana, y ganancia de peso, pero no con la velocidad ni precisión de cuando se utiliza la información de todos los parientes en una base de datos (Trinidad, 2007).

Los avances logrados en la raza Rambouillet van de 85 a 112 kg en el peso adulto, de 0.17 a 0.39 kg/día en la GDP, de 3.0 a 5.1 kg en el peso de la lana limpia y de 8.5 a 12 cm en el largo de la lana (Lupton, 2008).

Otro aspecto de mejoramiento que ha impactado la productividad de los ovinos es el desarrollo de nuevas razas como la Columbia (carneros Lincoln y hembras Rambouillet) y la Romeldale (carneros Romney y hembras Rambouillet). Últimamente se desarrolló la raza Polypay, compuesta de cuatro razas: Targhee (gran tamaño corporal, larga estacionalidad reproductiva, y lana fina), Rambouillet (adaptabilidad, rusticidad, productividad y lana fina), Dorset (habilidad lechera superior, calidad de la canal, precoz, y larga estacionalidad reproductiva) y Finnsheep (alta prolificidad, precoz y periodo de gestación corto).

Dentro de las razas de pelo se ha desarrollado desde 1950 la raza Katahdin. Se inició con la importación de ovinos de pelo del Caribe a Estados Unidos y se hicieron cruzamientos con varias razas como Tunis, Southdown, Hampshire, Suffolk y otras como Cheviots, Wiltshire Horn y Santa Cruz. La raza Katahdin es una raza de talla media, sin cuernos, prolífica y resistente a parasitosis (Vanimisetti *et al.*, 2004). La última raza desarrollada en Estados Unidos fue la Royal White a partir de Dorper y Santa Cruz.

En el caso de los ovinos, hace 100 años había más de 48 millones de cabezas en los Estados Unidos. En 1910 el ingreso del productor era 43% por la venta de carne y de corderos y 57% por la venta de lana. En 2007, el número de ovinos declinó a 6.2 millones y el ingreso por lana es apenas el 10% (Lupton, 2008).

Los ovinos de pelo comprenden cerca del 10% de la población ovina del mundo (Wildeus, 1997) y están ubicados principalmente en las regiones tropicales del mundo. Su capa compuesta de pelo, en lugar de lana, y otras características adaptativas, los hacen únicos para producir en las regiones cálidas y húmedas (González-Rodríguez y Oliva-Hernández, 2012). En general son prolíficos y pueden tener partos durante todo el año (Hinojosa-Cuéllar y Oliva-Hernández, 2009), se alimentan de forrajes de baja calidad y están sometidos a concentraciones grandes de parásitos gastrointestinales. Los ovinos de razas con pelo (tal como, Blackbelly) tienen algunas particularidades con respecto a los ovinos con lana. Por ejemplo, la temperatura rectal es similar en la raza Blackbelly y Dorset a una temperatura ambiente de 22.2°C (38.7 *vs* 38.8°C, respectivamente); sin embargo, a una temperatura ambiente de 33.8°C la raza Blackbelly muestra una menor temperatura rectal con relación a la Dorset (38.7 *vs* 39.3°C, respectivamente) (Ross *et al.*, 1985). También se han encontrado diferencias en el consumo de materia seca y agua en las razas con pelo con relación a las razas con lana, consumo de materia seca del 2.7% del peso vivo y consumo de agua de 2.6 l/día *vs* 3.2% del peso vivo y 4.7 l/día, respectivamente; la raza Katahdin aunque es de pelo, tiene un comportamiento similar al de las razas de lana (Quick y Dehority, 1986; Wildeus, 1997).

En cuanto a la resistencia a los nematodos gastrointestinales (NGI), la información disponible no es concluyente, pues en un estudio donde se desafiaron a ovinos de las razas Blackbelly y Dorset con larvas de *Haemonchus contortus*, no se encontró diferencia en el número de huevos de NGI en heces (Yazwinski *et al.*, 1979; Wildeus, 1997). En cuanto a crecimiento y calidad de la canal, las razas de pelo tienen en general una menor eficiencia que las razas de lana, sin embargo, el cruzamiento de estas razas con razas de características cárnicas ofrece una excelente

39

alternativa para sistemas de producción de bajos insumos en ambientes donde no se podrían utilizar las razas puras de lana (Horton y Burgher, 1992).

De 1958 a la fecha, se ha calculado la heredabilidad para varias características, las cuales se pueden clasificar en tres categorías. De alta heredabilidad: cobertura de lana en la cara, pliegues en la piel, largo de la lana, diámetro de la fibra y capa del cordero al parto. De heredabilidad media: peso de la lana limpia y sucia, rendimiento de lana limpia, producción de leche, resistencia a parasitosis, número de pezones y selección de la dieta a ciertas especies. De heredabilidad baja: tipo de parto (simple o múltiple), conformación y calificación de tipo. La heredabilidad para algunas características de importancia económica se presenta en la Tabla XXV.

Actualmente se hacen estudios de varias características y en varias razas, por lo que es más complicada la elección de la variable que se desea modificar (Freetly y Leymaster, 2004). También se han desarrollado trabajos en donde se comparan distintas razas en un mismo sistema de producción y se evalúa la calidad de la carne.

Tabla XXV. Heredabilidad de algunas características de importancia económica en ovinos

Tipo	Característica	Heredabilidad
Maternal	Fertilidad	0.05 - 0.15
	Prolificidad	0.05 - 0.20
	Capacidad lechera	0.25 - 0.32
Peso y crecimiento	Peso al nacimiento	0.2 - 0.3
	Peso al destete	0.2 - 0.3
	Peso al año	0.3 – 0.4
Calidad de la canal	Rendimiento	0.25 - 0.40
	Longitud de pierna	0.6 - 0.8
	Anchura de grupa	0.3 - 0.4
	Calidad de canal	0.2 - 0.4

El desafío para la industria ovina es grande, si ésta es incapaz de usar eficientemente la diversidad racial utilizando los cruzamientos terminales, entonces deben diseñarse razas sintéticas o compuestas para lograr la productividad necesaria para condiciones ambientales determinadas. La ventaja de las razas sintéticas es precisamente su simplicidad (Leymaster, 2002).

V. SITUACIÓN EN EL MEJORAMIENTO GENÉTICO DE LOS REBAÑOS LOCALIZADOS EN TABASCO, MÉXICO

El término mejorar, significa adelantar, acrecentar algo, pasar algo a un estado mejor que el anterior. Mientras que el término genético, se refiere a lo perteneciente a la herencia y lo relacionado con ella. De ahí que resulta fundamental, conocer que es lo que se tiene con respecto a los grupos raciales ovinos y su productividad y cuales han sido los cambios que se han logrado a través del tiempo, como resultado de haber implementado estrategias de mejoramiento genético en una población animal determinada.

Con respecto al material genético ovino disponible en Tabasco, a grandes rasgos existen dos tipos de grupos raciales, las razas puras y los híbridos. Las dos razas que se encuentran con mayor frecuencia en Tabasco son: Pelibuey y Blackbelly, aunque en los últimos diez años se ha incrementado la introducción de las razas Dorper y Katahdin. En el caso de los ovinos híbridos, en la mayor parte de las fincas que disponen de dos o más grupos raciales, no tienen implementado un programa de cruzamientos con control de la paternidad y maternidad, de tal modo, que no existe un control y definición sobre qué tipo de cruzamiento debe tener una hembra reproductora y cuál debe ser el cruzamiento para un cordero destinado al abasto.

En las fincas, en donde se ha decidido utilizar una raza pura, el productor entiende como mejoramiento genético realizar dos acciones: a) mantener el grado de pureza de una raza, cuidando aspectos morfológicos previamente establecidos por las organizaciones de criadores de razas puras, procurando que los animales seleccionados posean un fenotipo tipo cárnico; y b) adquirir sementales premiados en ferias ganaderas o ser criador y lograr que parte de sus ovinos sean premiados en ferias ganaderas. Este concepto, si bien permite generar uniformidad en aspectos morfológicos de un ovino, está muy lejano a ser el camino para lograr el mejoramiento genético de una raza. Las bases para establecer un programa de mejoramiento genético dentro de una raza se muestran en el capítulo siguiente de este libro.

Tanto en el cruzamiento entre dos o más razas, como en la selección de progenitores provenientes de una misma raza, se presentan las siguientes situaciones: a) no se dispone de información en donde se haya analizado el comportamiento productivo de la descendencia; b) se desconoce el nivel de consanguinidad, el cual puede ser elevado, si se considera el tipo de manejo reproductivo al que son sometidas las ovejas reproductoras durante su apareamiento, es decir, las ovejas son expuestas a uno ó más carneros de manera simultánea durante el apareamiento; y c) existe un desconocimiento del número de hijas de cada progenitor presentes en una finca y de la vida útil de los progenitores. Estos factores en conjunto, y debido a que en general son poblaciones pequeñas, producen un incremento importante en la consanguinidad, la cual puede asociarse con situaciones que denotan una reducción en la productividad, por ejemplo, una baja tasa reproductiva, incremento en el número de corderos con malformaciones, mayor susceptibilidad a enfermedades y disminución en la producción de leche y ganancia de peso.

En un intento por apoyar el crecimiento y mejorar la calidad genética de la ganadería ovina estatal, el Gobierno del estado de Tabasco ha puesto en marcha programas de apoyo a los pequeños productores, en los cuales se les otorga un grupo de ovinos (10 hembras y un carnero, en promedio). Tanto el tipo de ovejas como el carnero, no han sido seleccionados como reproductores, por lo que los resultados esperados desde el punto de vista productivo, son inciertos sobre todo cuando los productores beneficiados no tienen experiencia en el manejo integral de los ovinos. De continuar este tipo de programas, se debe replantear los objetivos y ser más cuidadosos en la selección de los proveedores de ovinos reproductores y de los beneficiarios.

En resumen, parte de la problemática en el área de mejoramiento genético de los ovinos localizados en Tabasco, se debe a lo siguiente: a) grupos raciales heterogéneos con desconocimiento de su genealogía; b) falta de claridad en lo que se quiere producir en el sistema de producción ovino, es decir, no se han establecido metas productivas y económicas y por consiguiente no se están dando los pasos correctos y necesarios para cumplir un objetivo, el cual debe establecerse previamente; c) existe un desconocimiento de cómo alcanzar las metas establecidas; d) desconocimiento del nivel de consanguinidad dentro del rebaño y entre rebaños; y e) ausencia de una agrupación de productores que desea mostrar el camino hacia dónde y cómo lograrlo (con apoyo de asistencia técnica especializada).

Establecer una propuesta de solución para la problemática identificada previamente en el mejoramiento genético de los ovinos del estado de Tabasco, implica organizar y coordinar a tres actores fundamentales: a) los ovinocultores organizados en torno a una agrupación; b) funcionarios del gobierno estatal y federal; y c) asesores técnicos especializados provenientes de instituciones de investigación o de educación superior y de la iniciativa privada.

Previamente se debe trabajar en dos aspectos: a) creación y uso de registros productivos y b) apoyo con asistencia técnica y programas que orienten a los representantes de agrupaciones de ovinocultores sobre la naturaleza, ventajas y compromisos que conlleva establecer un programa de mejoramiento genético.

VI. ALTERNATIVAS Y LIMITACIONES EN LA IMPLEMENTACIÓN DE UN PROGRAMA DE MEJORAMIENTO GENÉTICO PARA OVINOS EN EL TRÓPICO HÚMEDO

Aunque los ovinos fueron de las primeras especies en ser domesticadas, existen pocos programas de mejoramiento genético a nivel mundial. La razón puede deberse a que las principales poblaciones se ubican en los países en desarrollo (65%) y a que en general son criados por productores con un rebaño de inventario reducido y manejados en áreas marginales. Estos sistemas de producción se basan en trabajar a mínimo costo, más que en maximizar el ingreso. Sin embargo, la tendencia mundial va hacia la especialización, por lo cual es necesario implementar programas de mejoramiento genético.

Existen tres principales formas de mejoramiento animal: a) Selección entre razas; b) Cruzamiento y c) Selección dentro de razas.

Selección entre razas. La primera decisión genética del productor es la elección de la raza. Generalmente existe una raza local predominante y lo que hay que decidir es si esa raza se mantiene o se sustituye por otra. Por la experiencia, muchos productores y técnicos ven este cambio como la solución a problemas de productividad, sin considerar que la raza local está bien adaptada al manejo de la región.

El sistema de producción incluye el mercado hacia donde van los productos. Un cambio drástico en el genotipo implica un cambio drástico en el ambiente productivo, es decir, en el sistema de producción, el mercado, etc. Es conveniente que prevalezca el concepto de mejorar primero la raza disponible antes de promover su reemplazo. En Tabasco, México existen dos razas locales, Pelibuey y Blackbelly.

Cruzamiento. En términos generales existen tres tipos de cruzamiento: retrocruza, *inter se* y por absorción. Los cruzamientos implican complicaciones de manejo y reducción de la heterosis o vigor híbrido obtenido en las cruzas F1. En algunos casos, la F1 es la cruza más productiva, pero es difícil de mantener, si el productor no tiene los vientres suficientes, o bien, cuando no se asocian varios productores, para distribuirse alguna parte del sistema de producción, por ejemplo, algunos productores deberán generar las razas puras y otros los animales para el abasto. También existen los cruzamientos rotacionales (de dos o más razas) y los rototerminales, los cuales podrían ser de gran utilidad en la producción ovina.

Los cruzamientos producen cambios drásticos en los genotipos; a veces generan problemas no esperados de adaptación o interacción genotipo-ambiente. Otro problema frecuente es que no se contempla un plan de generación de la cruza, cuando no se destinan tanto machos como hembras al mercado y se retiene la hembra.

Selección dentro de raza. En el diseño de los programas de mejoramiento, es esencial tener claridad sobre el objetivo de selección, los criterios de selección o en otras palabras, la elección de la información a utilizar y el diseño de los apareamientos. Si el objetivo de selección es erróneo, la eficiencia de los pasos siguientes, sólo permitirá llegar más rápido al lugar equivocado. Generalmente, el objetivo de selección está ligado al carácter que le genere más ingresos al productor. En cuanto a los criterios de selección, pueden ser visuales u objetivos, pero ambos deben ser medibles y verificables.

Para que cualquiera de las estrategias de mejoramiento animal sea efectiva, es importante aclarar cuales características son de importancia económica en los ovinos, dentro del ambiente en particular en el cual se va a trabajar. Primero se deberá escoger la raza o razas parentales para hacer cruzamiento y posteriormente hacer el mejoramiento dentro de raza.

La selección entre razas puede lograr un gran cambio genético en corto tiempo, cuando hay grandes diferencias genéticas entre las razas, en características importantes. Sin embargo, es costoso cuando se requiere reemplazar tanto machos como hembras en todo el rebaño.

En la práctica, la absorción de una raza por otra a través de cruzamientos en varias generaciones, provoca un cambio gradual. Esto involucra el uso de sementales o semen [cuando la inseminación artificial (IA) es factible] de la nueva raza. En las regiones tropicales, la sustitución de las razas exóticas por las nativas y el cruzamiento con razas de zonas templadas, se han utilizado ampliamente, pero invariablemente han sido poco exitosos o sostenibles por periodos largos. Esto se debe a la incompatibilidad de los objetivos de selección con los sistemas de manejo de las regiones tropicales, básicamente manejo tradicional con bajos insumos y en poblaciones pequeñas. Sin embargo, podría ser una opción viable la selección dentro de razas. Las características de importancia de las razas tropicales o de pelo se han mostrado en diversos estudios Tabla XXVI.

La selección dentro de raza es una estrategia de mejoramiento genético que se lleva en algunas explotaciones de forma individual. El objetivo de selección dentro de raza es mejorar el promedio del mérito genético de la población. Normalmente involucra mediciones y se selecciona sobre productividad (tamaño de camada, crecimiento y tamaño maduro). El problema en la efectividad del método de selección estriba en que los sistemas de producción de ovinos se basan en productores con rebaños pequeños, con deficientes sistemas de identificación de los animales, genealogías limitadas y registros poco precisos y con reducida organización y falta de preparación. Además de los problemas anteriores, los productores encaran problemas de enfermedades en sus ovejas.

Las características que son importantes para lograr los objetivos de selección, generalmente son complejas en su medición, por ejemplo: número o peso de la camada por año. Esto generalmente es difícil en los rebaños manejados tradicionalmente. La dificultad de medir y los beneficios intangibles que proporciona esta actividad, aparentemente ocasiona más complicaciones que beneficios. Las estrategias de mejoramiento que solventan estos problemas, podrían funcionar usando núcleos de selección (León *et al.*, 2005).

En un programa de mejoramiento genético, se requieren realizar dos actividades. La primera consiste en establecer la selección con base en valores genéticos (DEP's, Diferencia Esperada en la Progenie) y la segunda, implica diseminar en las poblaciones comerciales, el material genético de los animales mejorados en el ambiente que van a ser utilizados (Kosgey *et al.*, 2008).

47

Tabla XXVI. Atributos de poblaciones ovinas en el trópico

Raza	Región/País	Atributo
Blackbelly	México/Caribe	Productiva Prolífica (partos múltiples)
Persa Cabeza Negra	Este de África	Relativamente tripanotolerante Tolerante al calor
Criollo	América central	Partos estacionales
Djallonké	Oeste de África (zona húmeda)	Tripanotolerante
D'man	Oeste de África	Alta fecundidad
Matinik (mezcla de razas caribeñas)	Caribe	Uso de pasturas tropicales Resistente a parásitos gastroentéricos No estacional y prolífica
Santa Cruz	Caribe	Resistente a parásitos gastroentéricos
Red Maasai	Este de África (zona húmeda)	Resistente a parásitos gastroentéricos

Se puede obtener mayor información en el sitio Web de Sistemas de información sobre la diversidad de los animales domésticos (http://dadis.fao.org/index.html).

Adaptado de Kosgey *et al.* (2006)

En cuanto al diseño de los apareamientos o estructura genética existen diversas modalidades. En ovinos las más importantes son:

a) **Sistemas sin estructura.** Se dice que no existe estructura cuando los machos nacidos en la propia explotación se seleccionan y son intercambiados con otros productores; esta estructura transforma algunos productores en criadores.

b) **Sistema piramidal.** En este sistema un pequeño número de animales con registros genealógicos está en manos de pocos criadores. Un segundo estrato de rebaños multiplicadores recibe machos del primer estrato y produce machos para los productores comerciales.

c) **Sistema de núcleo abierto.** Son similares a los piramidales, pero el estrato superior esta abierto a la entrada de animales de los niveles inferiores. Tiene como ventajas principales que se trabaja de acuerdo a las circunstancias de los productores y tienen menor tasa de consanguinidad.

Existen muchas variantes a estos sistemas. Por lo que se debe considerar que los rebaños localizados en los países en desarrollo y en las regiones tropicales son pequeños, con recursos escasos y poca organización. Por ello, es recomendable hacer el mejoramiento en una fracción de la población (refiriéndose a ella como núcleo) y al mismo tiempo, llevar un estricto control del pedigrí para evitar la consanguinidad (Kosgey *et al.*, 2005).

Todas las mediciones, los registros y la evaluación genética se hacen en el núcleo. Los registros no son necesarios para el resto de la población. El progreso genético se disemina a las poblaciones comerciales a través del uso de sementales o semen (donde la IA es factible) originados en el núcleo.

Básicamente, el núcleo de selección se podría iniciar con el acopio de los mejores animales como fundadores. Dependiendo de la complejidad del programa de mejoramiento, podrá tener distintas ramas o subnúcleos y políticas de migración. Generalmente, el núcleo central y los rebaños multiplicadores generan los sementales para distribuir a los rebaños comerciales. Un punto determinante es la adecuada interacción y la similitud, no sólo técnica sino también socioeconómica, de las circunstancias del núcleo y los rebaños comerciales. El núcleo siempre deberá tener en mente los objetivos de los productores comerciales.

El núcleo puede ser abierto o cerrado. En el núcleo cerrado no hay migración de animales de los lotes multiplicadores o comerciales al núcleo y todos los registros se llevan en el núcleo. Por otro lado, en el núcleo abierto se permite que los animales de alto mérito genético, migren de las poblaciones comerciales o multiplicadoras al núcleo. En este caso, solo hembras de alto mérito migran hacia el núcleo y no machos. Los núcleos de selección abiertos se han recomendado para las explotaciones de las regiones tropicales. Este esquema es más interesante desde el punto de vista genético, puesto que el impacto puede ser mayor cuando el número de animales se incrementa, sin embargo, los requerimientos de infraestructura y costos son mayores, debido a que se requiere verificar la genealogía en los estratos más bajos del esquema. La reducción de la consanguinidad es otra ventaja de los núcleos abiertos.

El diseño de los núcleos abiertos en los trópicos tiene algunas particularidades. Algunos operan con tres niveles (núcleo, multiplicador y la población base o comercial), mientras que otros operan con dos niveles, involucrando sólo una estación central de evaluación y la población comercial o base (Kosgey *et al.*, 2005). En algunos programas se seleccionan machos únicamente, mientras que en otros se seleccionan ambos sexos. El diseño dependerá de la región ecológica y del sistema de producción (Kosgey *et al.*, 2006).

El diseño del esquema de mejoramiento genético tiene un impacto anticipado sobre los resultados. Por ejemplo, la selección de machos y hembras en un núcleo abierto podría generar mayor progreso genético que la selección de solo machos. Si los niveles más bajos del esquema compran machos promedio y no compran hembras, del nivel superior, permanecerán siempre retrazados en dos generaciones (siete años en borregos y cabras) en la respuesta a la selección. Al abrir el núcleo (por la adquisición de hembras del nivel superior) el progreso será más rápido y los beneficios del programa serán mayores, se moverá más rápidamente hacia el núcleo.

La respuesta en los dos esquemas es 10-15% más rápida en el núcleo abierto cuando hay un diseño óptimo, desde el punto de vista genético, no necesariamente desde el punto de vista de los costos. Esto aplica si alrededor del 10% de la población en el núcleo y alrededor del 50% las hembras, nacieron en la población base (James, 1977).

Un núcleo abierto difuso geográficamente se podría emplear. Involucra la creación de hatos élite, donde las hembras son apareadas con machos y/o semen de esos rebaños. Esto requiere de una buena información genealógica y puede no ser factible en sistemas de manejo tradicional.

El dilema para implementar un programa de mejoramiento genético, en los países en desarrollo localizados en las regiones tropicales, es cómo organizar los esquemas de mejoramiento involucrando a los rebaños que generalmente están aislados y cómo monitorear su progreso. Para involucrar a los productores, es necesario contar con un sistema de extensión (asesoría técnica y seguimiento de los indicadores productivos en las fincas) eficiente y obtener el máximo efecto. Los programas de selección deben tener varios años de trabajo de extensión para capacitar a los productores y capitalizar sus experiencias. Durante ese tiempo, los productores deberán hacer conciencia de los beneficios derivados de las actividades de registro de información. Otro posible problema con los programas de mejoramiento, es que frecuentemente existe una larga cadena de actividades burocráticas que involucran la movilización de animales mejorados desde el núcleo a los rebaños cooperantes. Un punto importante a tener en cuenta, es que la selección de los animales manejados en instituciones (de fomento o investigación), no siempre refleja las condiciones de manejo de los rebaños comerciales, resultado de la interacción genotipo-ambiente para adaptarse a condiciones de bajos insumos.

En general, los sistemas de producción de ovinos en regiones tropicales, y los pequeños productores en particular, buscan tener animales que tengan capacidad de supervivencia, para encarar los diferentes factores que disminuyen el potencial productivo, como temperatura ambiente elevada, parasitosis, enfermedades y variable aporte de nutrimentos a través del año; más que incrementar la tasa de crecimiento. La adaptabilidad, definida como tasa de supervivencia y tasa reproductiva, adquiere mayor importancia en estas circunstancias. Hay que hacer notar que llevar el control de apareamientos implica mayor trabajo respecto a dejarlos en forma descontrolada y ese esfuerzo generalmente se emplea en otras labores de mayor impacto como en las actividades agrícolas. En adición a esto, generalmente se mantienen varias razas en la misma explotación, lo que dificulta más aún el control de apareamientos.

Programas de mejoramiento genético. La mayoría de los programas de mejoramiento cuentan con criterios técnicos y sociales para su evaluación, por lo tanto, se deberá de tratar de empatar estos criterios con un objetivo de mejoramiento puntual. Aunque únicamente participen en un programa de selección los ganaderos asociados, la propia estructura piramidal de las poblaciones ganaderas hace que toda la raza se beneficie del proceso de selección.

Los esquemas de mejoramiento genético se dividen en los que se basan en un núcleo o sin núcleo de selección.

Esquemas basados en núcleo de selección. Cuando solo se seleccionan machos, se puede lograr avances en incremento en la ganancia de peso o en el crecimiento adulto, sin embargo, los avances en adaptación o en tasas reproductivas son pobres. Merecen mucha atención los cambios que se pretendan realizar con fines productivos, sin considerar cambios en el manejo. Por ejemplo, se podrían obtener resultados contraproducentes en la oveja, al introducir el gen Booroola en poblaciones donde la dieta va a ser insuficiente para mantener más de un cordero por hembra, pues con este gen, se puede incrementar el número de corderos nacidos por hembra de 1.6 a 3.7 (Leymaster, 2002), con la consecuente demanda de nutrientes.

Los objetivos de selección deben estar bien definidos y ligados a los objetivos comerciales del productor, incluyendo características como la habilidad materna (capacidad de la madre para producir corderos vivos al destete), crecimiento y conformación del cordero. Sin embargo, no hay que dejar de lado que los animales deben estar adaptados a las condiciones climáticas que imperan en la región tropical (pastoreo sobre gramíneas tropicales, resistencia a parasitosis y una buena tasa reproductiva) y mostrar una estacionalidad reproductiva nula o reducida.

Esquemas sin núcleo de selección. Algunos esquemas se pueden realizar sin núcleo de selección, pero tienen algunos inconvenientes. Este tipo de esquemas requieren de la participación de personal de asistencia técnica que detecte animales sobresalientes en características como el peso a los tres meses; este tipo de animales se le compran al productor, y todos los demás machos son castrados. El macho seleccionado se mantiene en el proyecto hasta que son distribuidos a la edad de 18 meses a rebaños que se encuentran distantes al de origen y así evitar la consanguinidad. Para tener beneficios inmediatos a los grupos participantes y demostrar las bondades del programa, por contrato se podrían suministrar hembras jóvenes (de seis a ocho meses con más de 18 kg de peso vivo) para que sean explotadas dentro de un periodo de cuatro años, después del primer año se devuelven hembras pequeñas, para distribuirlas con otros productores.

Limitaciones de los programas de mejora genética en ovinos

Desafortunadamente, no se encuentran en la literatura muchos casos en los cuales haya fallado la estrategia de mejoramiento, sin embargo, algunos esquemas que han fallado se han podido documentar. Uno de los problemas más importantes se da por la omisión de la desorganización de los ganaderos y los pocos beneficios obtenidos por la adquisición de animales producidos en los niveles de reproductores. Cuando no existe buena organización, la mayoría de los animales mejorados terminan en los banquetes de las fiestas regionales.

El fracaso de muchos programas de mejoramiento se debe a que estos son diseñados por científicos e implementados por agencias de desarrollo que ignoraron las necesidades de los productores y no tomaron en cuenta que el impacto de estas acciones es a largo plazo. Por lo tanto, los productores consideran estos programas como inadecuados, improductivos, demasiado aventurados, que requieren demasiado trabajo o que son imposibles de ejecutar.

Algunas de las limitaciones puntuales en los programas de mejoramiento ovino son las siguientes: a) Las explotaciones ovinas generalmente se ubican en un medio ambiente difícil o adverso (clima, alimentación, sanidad, etc.); b) La mayoría de los sistemas de explotación son extensivos con razas autóctonas, muy localizadas; c) Las fincas ovinas cuentan con infraestructura inadecuada, lo que dificulta la toma de registros productivos y por ende escaso número de animales en control genealógico; no se puede mejorar lo que no se puede medir; d) La estructura empresarial, suele ser muy deficiente con escasa formación del ganadero, con mínima aceptación a cambios y; e) Canales de comercialización muy rígidos y carentes de controles económicos que permitan valorar la rentabilidad de las explotaciones.

53

Desarrollo de un programa de selección para razas ovinas

La finalidad de un esquema de selección es implantar las medidas necesarias para conseguir mecanismos que aseguren el progreso genético de los animales. Cada raza habita un medio particular y está sometida a diversas particularidades en su sistema de producción. Cada ecosistema productivo, en consecuencia, requiere un programa de mejora propio; si se desea incrementar el beneficio económico, manteniendo aquellas características que definen la población a seleccionar.

La puesta en marcha de un programa de selección requiere de tres aspectos: a) La necesidad de financiamiento permanente; b) La instrumentación y esquemas de selección adaptados al tipo de producción; c) Una voluntad de acción colectiva de los ganaderos integrados en estructuras técnicas eficaces.

Una asociación de criadores desde su creación debe responsabilizarse de la tarea de llevar el libro genealógico de la raza y del control de producción, así como la conexión genética de rebaños a través de la implantación y desarrollo de un programa de reproducción asistida (apareamiento natural dirigido e inseminación artificial).

Atendiendo a las características zootécnicas de cada raza se deben plantear los objetivos de selección. Para la situación particular del estado de Tabasco cuya totalidad del territorio se encuentra dentro de la región tropical, como objetivo se propone mejorar las características productivas de las razas de pelo mantenidas en pastoreo y mejorar la productividad individual por oveja en función de los kilogramos de carne que produce a lo largo de su vida, los cuales dependen del número de corderos por parto, del peso y las ganancias registradas por estos y por la longevidad de la oveja. Para conseguir estos objetivos, se propone apoyarse en los criterios de selección siguientes:

a) Prolificidad. El número de corderos nacidos y/o destetados por parto es el carácter de mayor importancia en la productividad numérica de los rebaños, ya que en él se expresan la fertilidad, la fecundidad y la propia prolificidad.

b) Crecimiento de los corderos. Los criterios de selección referidos a pesos, a determinadas edades y las correspondientes tasas de crecimiento en las distintas fases en la cría y recría son los más clásicos en los esquemas de selección de las razas de orientación cárnica. Así, atendiendo a los diferentes intereses comerciales que se pueden encontrar en las ganaderías que cuenten con el ciclo completo de cría, recría y engorda o solamente engorda se incluirán las siguientes características a medir: Peso al nacimiento, a los 45 y a los 90 días. Crecimiento: ganancia diaria de peso de 0 a 45, de 0 a 90 y de 45 a 90 días. Estos caracteres son de fácil control y son de alta heredabilidad (directa y materna), además son caracteres que se expresan en ambos sexos y permite hacer una evaluación precoz de los candidatos a reproductores, ya que en dos años se cuenta con información de su descendencia.

c) Valor morfológico global. Se trata de una variable compuesta donde se agrupan las principales características de la raza, permitiendo asegurar en los programas que el producto seleccionado funcional no conducirá a una degeneración de la raza, que pudiera afectar su longevidad productiva. Clásicamente la valoración morfológica se ha llevado a cabo mediante la calificación regional (definida por los criadores de la raza) convencional por puntos de 0 a 10, resultando el valor morfológico global como la suma de las calificaciones regionales parciales una vez corregidas por los correspondientes factores de ponderación, pero hoy día se imponen las técnicas modernas en torno al empleo de la valoración lineal con objeto de mejorar los resultados esperados.

La estructura general del plan es piramidal, conformada por tres niveles.

1. Nivel superior: lo constituye el núcleo de selección, correspondiente al vértice de dicha pirámide formado por los rebaños integrados en el núcleo de selección que tienen sus animales bajo control morfológico, productivo y genealógico, donde todo el proceso de mejora se genera en este estrato y de aquí se difunde hacia los niveles inferiores.

2.- Nivel intermedio: Lo componen el resto de los rebaños de la asociación, que cuenten con cierto grado de organización y que generen información de interés para el programa. Este segmento aporta en la raza un número importante de hembras que podrán integrarse al Nivel superior cuando cumplan con los requisitos impuestos.

3.- Población base: Los animales integrados en rebaños externos o sea fuera de control y cuyos animales podrán entrar en el segmento intermedio por la inclusión de sus poblaciones (total o parcialmente) en el registro auxiliar del libro genealógico de la raza y su activación en el núcleo de control de producción.

Entre estos estratos se establece un flujo genético permanente y descendente mediante el empleo de la inseminación artificial o la venta de reproductores probados genéticamente. También existe un flujo genético ascendente gracias a la inclusión de aquellos rebaños procedentes de los estratos inferiores que incorporan hembras para los estratos superiores (Delgado *et al.*, 2004). La organización de la población y el flujo genético se esquematiza en la Figura 1.

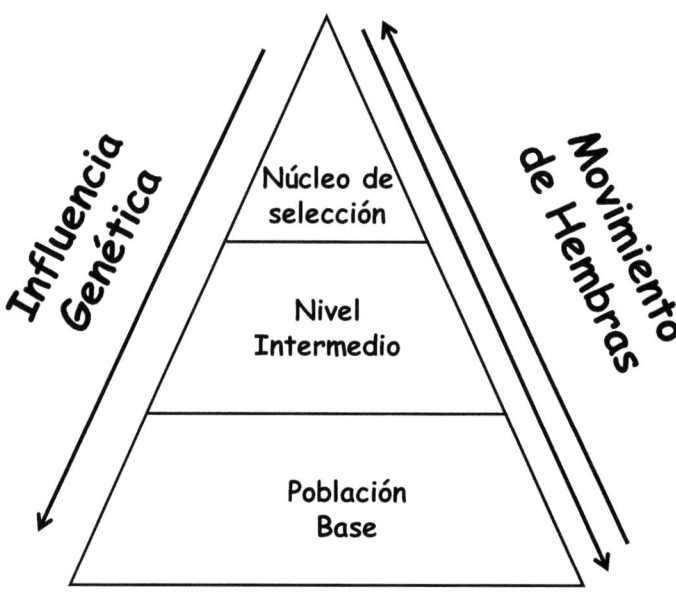

Figura I. Organización de la población y flujo genético

Metodología para el desarrollo de la evaluación genética. La evaluación genética de los candidatos a reproductores es fundamental en los procesos de selección; es por esto que el esquema de selección que aquí se propone, utiliza dos vías de selección. La primera será la selección de madres para producir machos (madres de candidatos a futuro semental en el nivel intra rebaño). Una segunda vía es la selección de machos basada en sus valores genéticos obtenidos a partir de la metodología del Mejor Predictor Lineal Insesgado (BLUP: Best Lineal Unbiased Predictor), para producir corderas o hijas (madres) en etapa inter-rebaño.

Fase intra-rebaño. El proceso de selección empieza con la elección de las madres, dentro de cada rebaño, que serán las que producirán los candidatos a semental. Se selecciona el 10% de las ovejas contemporáneas disponibles en cada rebaño y sus crías machos entrarán en la valoración genética ínter rebaño en la siguiente fase del esquema. Se utilizan para esta selección los valores genéticos obtenidos a través de un índice de selección individual multicarácter (índice de oveja), por lo que la estructura del índice contendrá las características de la oveja: prolificidad, peso a los 90 días y valor morfológico.

Fase Inter rebaño. Los corderos machos nacidos de las hembras seleccionadas que se mencionaron en el apartado anterior serán sometidos a una evaluación fenotípica utilizando su propia información (crecimiento y morfología) a los 90 días y otra posterior a los nueve meses (crecimiento, morfología y aptitud reproductiva).

Esta selección se realizará dentro de cada rebaño, y los animales que superen estas pruebas fenotípicas serán considerados candidatos a futuro semental, pasando a valorarse entre rebaños a través de la inseminación artificial. Además de las características a tomar en cuenta, también se considera que carezcan de defectos que impidan el normal funcionamiento reproductivo.

Estos machos pasarán a ser adiestrados para su utilización en inseminación artificial y serán evaluados genéticamente de manera directa o indirecta en el esquema de selección, mientras que los machos utilizados en monta natural en los propios rebaños podrán ser evaluados indirectamente a través de los machos de referencia que conecten genéticamente todos los rebaños del núcleo de selección.

Los machos utilizados en inseminación artificial, de manera ideal, fecundarán un mínimo de 50 hembras en al menos tres rebaños que comprendan todas las edades y niveles productivos, mientras que los de monta natural se ajustarán a las necesidades del rebaño con un mínimo de 20 hembras por semental. Cada rebaño se inseminará con al menos dos sementales de referencia, así mismo se utilizarán machos de referencia para la conexión intergeneracional.

Crecimiento. Para todos los criterios relacionados con el crecimiento, a los ocho meses de la fecundación de las hembras realizada por los machos en prueba, se dispondrá de la información completa sobre los pesos y crecimientos de los descendientes de estos machos, por lo que aproximadamente a los dos años de edad de los candidatos a reproductores se contará con valores genéticos para este tipo de caracteres (León *et al.*, 2006).

Morfología. Los datos obtenidos de la evaluación de la conformación de los animales, cuando se han obtenido en condiciones técnicamente correctas, permite evitar la degeneración de la raza que pudiera afectar a algunos caracteres adaptativos. Así mismo, la selección basada en la conformación permitirá mejorar la longevidad productiva de los animales.

Los animales se evalúan morfológicamente entre 14 y 16 meses, por lo que se precisará un mínimo de tres años para disponer de descendientes valorados morfológicamente que permitan la evaluación genética de los candidatos a reproductores.

Prolificidad. Será necesario contar con un mínimo de 30 hijas por macho en inseminación artificial distribuidas en al menos 3 rebaños o en el propio rebaño conectado en el caso de machos utilizados en monta natural. Estas hijas deberán tener registrados tres partos para poder realizarse la evaluación genética de sus padres. Aunque es la medición más sencilla, se requiere de mayor tiempo para obtener resultados. Además, por ser una característica de baja heredabilidad, la respuesta a la selección es menor (León *et al.*, 2005).

Anualmente se podrá publicar un catálogo de sementales con la actualización de la información existente. En él entrarán por primera vez los machos evaluados positivamente para los caracteres de crecimiento a los dos años de edad; y se actualizará con la información sobre morfología y en la siguiente sobre prolificidad. Los machos permanecerán en el catálogo mientras que estén en activo y pertenezcan al plantel de machos probados mejoradores.

De esta manera, los ganaderos obtendrán mejoramiento en:

a) Las diversas fases del crecimiento de los corderos (valor genético directo de peso y crecimiento).

b) La aptitud materna para mejorar el crecimiento de los corderos en distintas fases (valor genético materno para peso y crecimiento).

c) La estructura morfológica del rebaño (valor genético de la morfología).

d) La prolificidad (valor genético de la prolificidad).

Una vez dirigidos los objetivos de selección, definidos los criterios específicos que se van a medir en la población, organizada la información proveniente de los diferentes estratos, tanto la información productiva como la genealógica, sólo queda proponer el funcionamiento operativo del esquema de selección tal y como se muestra en la Figura II.

Como primera actividad de seguimiento se requiere elaborar un diagnóstico de la situación de la raza del cual se obtenga información suficiente para realizar un análisis demográfico para tomarlo como base del desarrollo del esquema de selección. Se analizan los censos, los intervalos generacionales, los tamaños efectivos, los porcentajes por sexo y los incrementos esperados de la consanguinidad (Delgado *et al.*, 2005). Con base a estos resultados se hacen las sugerencias iniciales.

Posteriormente, se deberá verificar la eficacia en las declaraciones de cubrición y nacimientos utilizando para ello, marcadores moleculares (microsatélites del ADN), tanto de los animales resultantes del apareamiento controlado como los producidas a través de la inseminación artificial (Quiroz *et al.*, 2005).

59

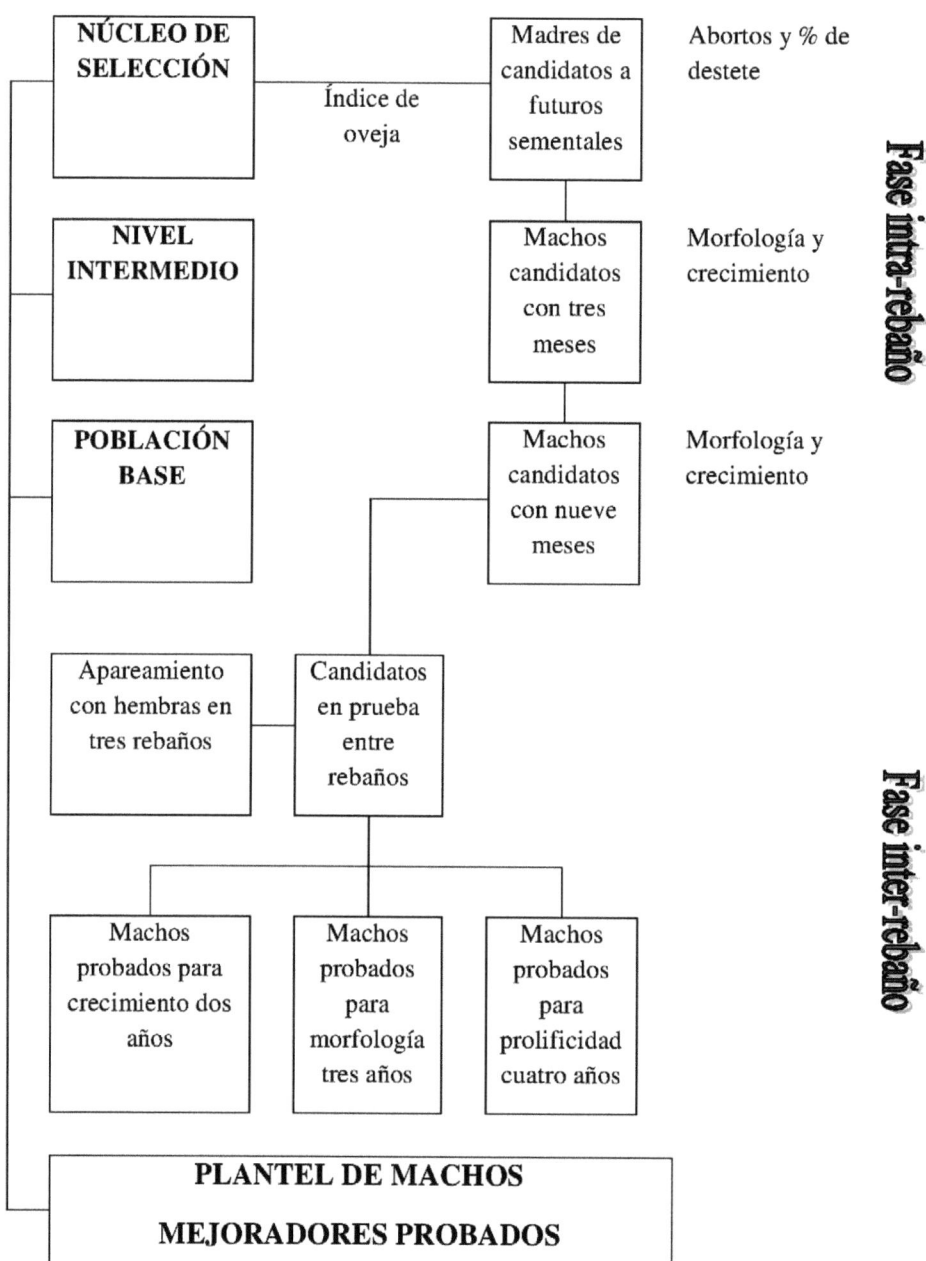

Figura II. Fases del esquema de selección

Conexión genética de rebaños con el uso de machos de referencia. La importancia de la inseminación artificial al inicio de un programa de mejoramiento, radica en que permite la planificación de las estrategias de conexión genética de los rebaños utilizando sementales de referencia. Posteriormente, su importancia es mayor en la difusión de la mejora en los rebaños de estratos más bajos mediante la utilización de sementales probados.

Los rebaños integrados en el programa se clasifican en tres categorías:

a) Rebaños que usan IA (inseminación artificial).

b) Rebaños que usan IA y tan sólo un macho de repaso en MN (monta natural).

c) Rebaños que usan IA y varios machos de repaso en MN.

En los rebaños de las categorías a y c sólo se probarán machos de IA de manera directa o indirecta. En los rebaños de categoría b, además se podrán probar los machos de MN de cada rebaño, de manera indirecta a través del macho de referencia (IA), esto debido a que en los rebaños de tipo b un solo semental tendrá varias crías.

Estas diferentes estrategias en la conexión genética de rebaños se pueden observar gráficamente en la Figura III y IV.

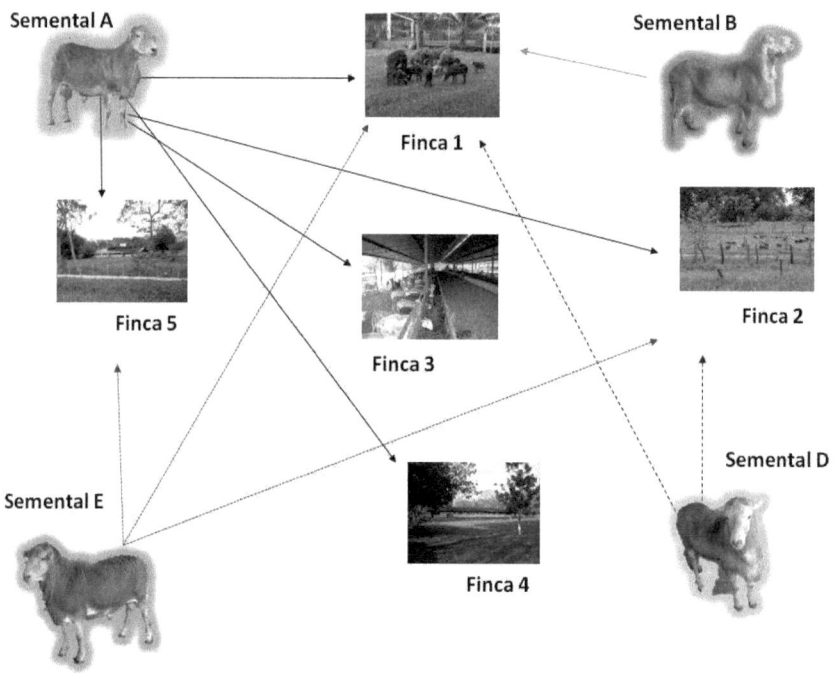

Figura III. Conexión genética entre rebaños utilizando tres sementales (A, D y E) conectores

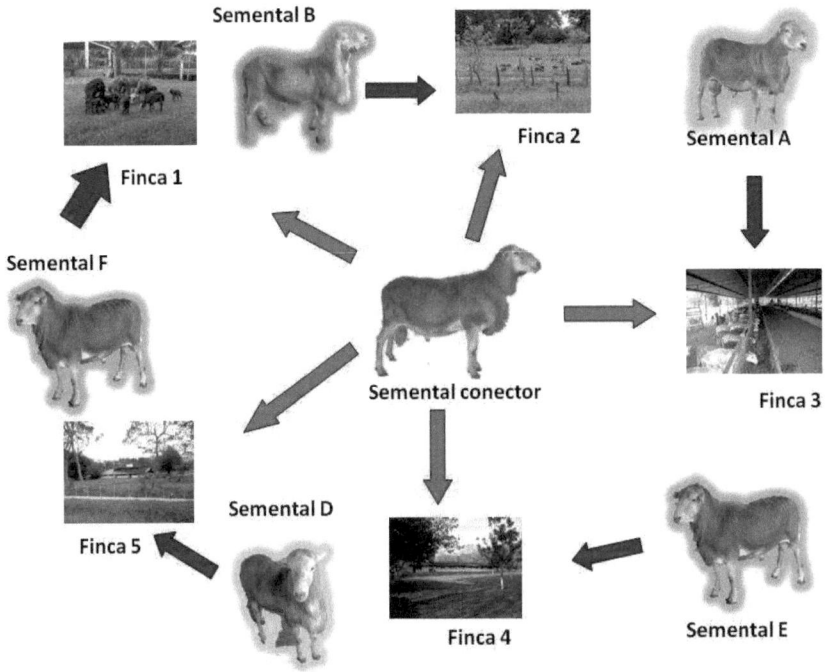

Figura IV. Conexión genética entre rebaños utilizando un solo semental conector.

Organización del flujo de información. La Asociación de criadores es la encargada de la organización y activación del núcleo de selección y de llevar la información del libro genealógico, ésta última conlleva la ejecución y supervisión del programa de identificación individual provisional y definitivo, el control de las declaraciones de empadre y de nacimientos, las altas en el libro de registro definitivo, la declaración de bajas y el inventario anual; mientras que el funcionamiento del núcleo de selección se centra en el control de las pesadas y la valoración morfológica de los animales (Puntas *et al.*, 2005).

El flujo de información debe ser recíproco y constante entre las ganaderías integradas en el núcleo de selección y la asociación. Una vez al año, estas bases de datos se envían a la institución de investigación o universidad donde se realizan los análisis estadísticos y genéticos con objeto de obtener los correspondientes valores genéticos para finalmente, publicar un catálogo de sementales probados genéticamente de forma continua. El flujo de información debe ser supervisado y apoyado en todos sus puntos por la Secretaría de Agricultura, Ganadería, Desarrollo Rural, Pesca y Alimentación (SAGARPA). Este flujo de información se ajusta al esquema que se muestra en la Figura V.

Cruzamientos. Como cruzamiento se entiende el apareamiento de dos poblaciones diferentes. En el caso de los ovinos, hablamos de razas diferentes. Los ovinos de pelo constituyen un recurso genético importante por su adaptación a las condiciones climáticas de las regiones tropicales, sin embargo, en México no existen programas de mejoramiento para estas razas. Por lo tanto, la mejor forma de lograr un avance en productividad es a través de los cruzamientos. Con el cruzamiento se busca obtener la combinación de características deseables de dos o más razas. El inconveniente de los cruzamientos, radica en que después del primer apareamiento, siempre resulta aventurado recomendar el siguiente.

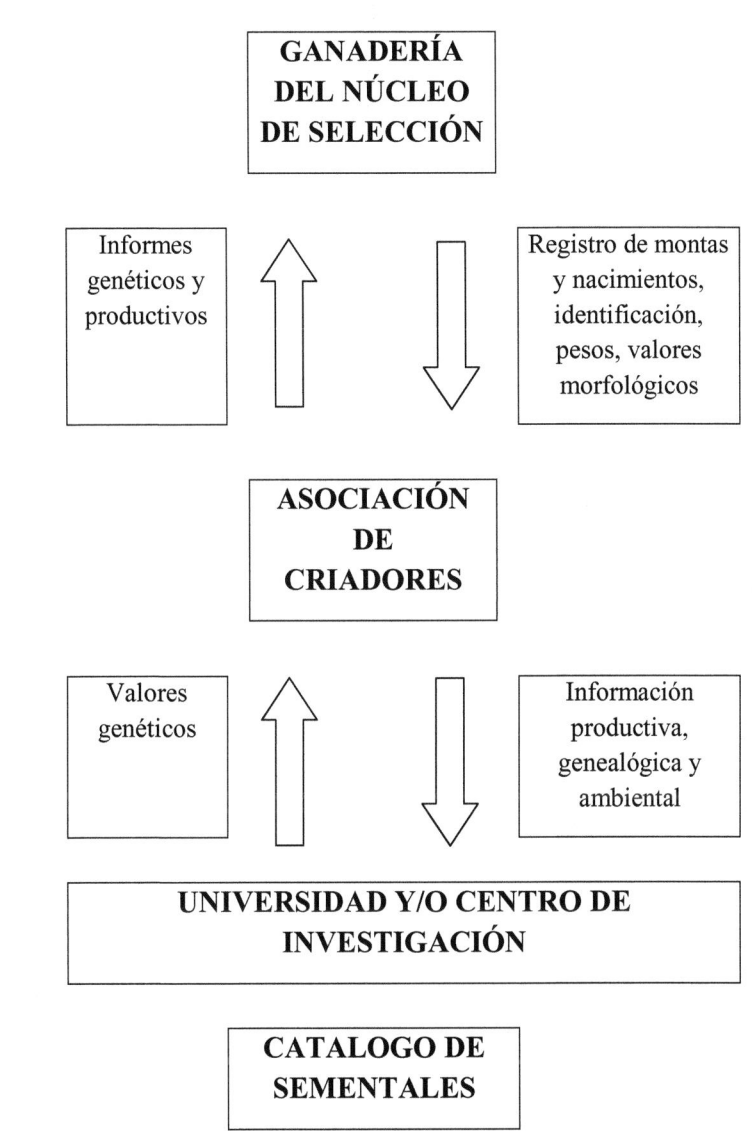

Figura V. Flujo de la información de un esquema de selección

65

Tipos de cruzamiento. Los principales tipos de cruzamiento para el desarrollo de la especie ovina son los siguientes:

a) Cruza para mejoramiento. Es la incorporación de genes de una raza en otra. La línea del padre mejorador (A) se aparea con la línea de la madre a mejorar (B), solo se usa hasta el primer apareamiento. Un ejemplo es el uso de razas prolíficas sobre razas ovinas con partos múltiples. Es mejorante solo en el primer apareamiento, posteriormente se realizará cuando se quiera mejorar alguna característica en particular.

b) Cruza absorbente. Se trata de un cruzamiento mejorador reiterado hasta la completa absorción de la raza a mejorar. Por ejemplo, la raza Pelibuey ha absorbido algunos rebaños con razas no definidas.

c) Cruza industrial o comercial. Consiste en un cruzamiento que mejora la primera generación y toda la descendencia (F1) va a sacrificio, por lo que no es importante la reproducción. Las hembras de reemplazo se producen con la misma raza por lo que no se modifica la base genética, esto es de importancia cuando se utilizan razas rusticas. Sus aplicaciones más importantes están en la producción de carne y animales para producción de piel (Sierra, 1989). Se denomina industrial porque es un esquema de cruzamientos permanente, en el cual se aprovechan las características de varias razas, las cuales se van mejorando además, dentro de cada raza. El que realiza el cruzamiento industrial no lo hace con fines de mejorar la raza, sino con fines comerciales.

En la ovinocultura tropical de México existe poca información disponible sobre la evaluación de razas en cruzamientos. En el Campo Experimental Mocochá del INIFAP, se llevó a cabo un experimento de cruzamientos encaminado a establecer un sistema de cruzas terminales utilizando la rusticidad de la raza Pelibuey, la prolificidad de la Blackbelly y la Suffolk como raza terminal y se demostró que los cruzamientos entre Pelibuey x Blackbelly y Blackbelly x Pelibuey no producen diferencias importantes en cuanto a prolificidad, peso al nacimiento ni peso al año de edad. En la Tabla XXVII se resumen algunas de las características de crecimiento de cruzamientos evaluados en condiciones tropicales. La ganancia de peso postdestete de este estudio fue superior a la lograda en un estudio similar realizado en el sureste de Estados Unidos (Burke y Apple, 2007).

En México se han evaluado los cruzamientos desde mediados de los 90 (Pineda *et al.*, 1998), sin embargo, se han ido incorporando algunas razas, que no se han evaluado apropiadamente por lo que la información disponible no es suficiente par realizar recomendaciones concluyentes. En cuanto a la calidad de la canal, las cruzas con Dorper son las que han obtenido los mejores resultados en cuanto muscularidad y calidad de la canal (Burke *et al.*, 2003), aunque hay evidencia de la susceptibilidad a infecciones parasitarias en el trópico húmedo (Vanimisetti *et al.*, 2004). Es importante señalar que cuando la dieta está bien balanceada y que, sobre todo la cantidad de proteína es suficiente, los daños ocasionados por los parásitos son menores (Louvandini *et al.*, 2006).

Tabla XXVII. Crecimiento de algunos cruzamientos ovinos en condiciones tropicales*

Genotipo	Peso al nacer, en kg	Peso al destete, en kg	Ganancia diaria de peso, en g	
			Predestete	Postdestete
Pb	2.90	12.25	96.5	181
Pb	3.17	15.57	139	Nd
PbxBb	2.77	11.74	93.4	Nd
BbxPb	2.91	12.39	96.8	Nd
Bb	2.93	12.22	95.5	Nd
Bb	2.85	11.17	152	Nd
PbxS	3.57	17.47	155	Nd
PbxS	3.18	10.86	85	250
PbxD	3.46	15.06	130	246
DxPbxBb	2.84	11.95	133	217
HxPbxBb	3.22	133.81	143	219
SxPbxBb	3.12	12.58	112	222
RxDxBb				238
RxDxPb				182
1/4Dpx3/4Pb				209
DbxPb				232
Kh				223
Pb				242

Pb= Pelibuey; Bb= Blackbelly; S=Suffolk; D=Dorset; H=Hampshire; R= Rambouillet; Dp= Dorper; Db=Dorper Blanco; Kh= Katahdin. Nd= No disponible

Adaptado de Velázquez Madrazo (2006)

68

VII. LITERATURA CITADA

Arroyo J. 2011. Estacionalidad reproductiva de la oveja en México. Tropical and Subtropical Agroecosystems 14: 829-845.

Berumen AAC, Morales RJC, Vera CG. 2003. Comportamiento de las cruzas de la raza ovina Katahdin en Tabasco. En Memoria del II Seminario de producción de ovinos en el trópico. Universidad Juárez Autónoma de Tabasco. Villahermosa. Diciembre. Tabasco, México. pp. 52-53.

Berumen AAC, Santamaría E, Morales J, Vera G, Osorio C. 2006. Evaluación de una engorda intensiva de corderos cruza de razas de carne con hembras Pelibuey-Blackbelly, una alternativa en el trópico húmedo de México. En Memoria del V Seminario de producción de ovinos en el trópico. Universidad Juárez Autónoma de Tabasco. Villahermosa. 29-30 noviembre y 1 de Diciembre. Tabasco, México. pp. 132-135.

Burke JM, Apple JK, Roberts WJ, Boger CB, Kegley EB. 2003. Effect of breed-type on performance and carcass traits of intensively managed hair sheep. Meat Science 63: 309.

Burke JM, Apple JK. 2007. Growth performance and carcass traits of forage-fed hair sheep wethers. Small Ruminant Research 67: 264.

Cadenas-Cruz PJ, Oliva-Hernández J. 2009. Frecuencia y causas de eliminación de ovejas Pelibuey x Blackbelly entre el destete y el cuarto parto. En memoria XXI Reunión Científica-Tecnológica Forestal y Agropecuaria Tabasco 2009. Tabasco, México. Pp. 191-195.

Cadenas-Cruz PJ, Oliva-Hernández J, Hinojosa-Cuéllar JA. 2012. Productivity of Blackbelly ewes and their hybrid litter under grazing Journal of Animal Veterinary Advances 11, 1: 97-102.

Cadenas JA, Oliva-Hernández J, Hinojosa JA, Torres-Hernández G. 2010. Suplementación postdestete de corderas Pelibuey x Blackbelly en pastoreo en el trópico húmedo. Archivos de Zootecnia 59: 226: 303-306.

Delgado JV, Rodríguez JV, León JM, Puntas J, Benavente M, García G, Barba C. 2004. Esquema de selección de la raza ovina Segureña. Archivos Latinoamericanos de Producción Animal 12: 59-62.

Delgado JV, León JM, Quiroz J, Puntas JA, García G. 2005. Análisis demográficos de la población ovina Segureña como base para el desarrollo de su esquema de selección. FEAGAS 27: 96-98.

Díaz-Arcos F, Oliva-Hernández J, Hinojosa-Cuéllar JA. 2008. Efecto de la suplementación mineral con monensina sódica sobre la eficiencia productiva de corderas Pelibuey. En memoria XLIV Reunión Nacional de Investigación Pecuaria, Mérida, Yucatán, México. p. 201.

Díaz-Arcos F. 2009. Efecto de la monensina sódica sobre el comportamiento productivo y reproductivo de corderas Pelibuey en pastoreo con complementación alimenticia. Tesis de Licenciatura. Universidad Popular de la Chontalpa. H. Cárdenas, Tabasco, México. 38 p.

Dzib-Can AF, Ortiz-Montellano A, Torres-Hernández G, Aceves-Navarro E. 2005. Conformación corporal de ovinos Blackbelly en rebaños comerciales del municipio de Campeche. En Pavón ME *et al.* (Eds.) IV Seminario de Producción de Ovinos en el Trópico. Universidad Juárez Autónoma de Tabasco. Villahermosa, Tabasco, México. Pp. 46-51.

Ferrer AA, FA Lucero M, González RA. 2002. Estadísticas de comportamiento productivo y reproductivo de ovejas F1 Katahdin, Pelibuey y Blackbelly en trópico húmedo. En memoria del II Taller Ovino del Golfo y Noroeste de México, Cd. Victoria, Tamaulipas, México. pp. 13-16.

Fogarty NM. 1995. Genetic parameters for live weight, fat and muscle measurements, wool production and reproduction in sheep: A review. Animal Breeding Abstracts 63: 101-143.

Freetly HC, Leymaster KA. 2004. Relationship between litter birth weight and litter size in six breeds of sheep. Journal of Animal Science 82: 612-618.

Galina MA, Morales R, Silva E, López B. 1996. Reproductive performance of Pelibuey and Blackbelly sheep under tropical management systems in México. Small. Rum. Res. 22:1-37.

García-Méndez G, Oliva-Hernández J, Hinojosa-Cuéllar JA. 2006. Eficiencia reproductiva en hembras Blackbelly y Pelibuey x Blackbelly en Centla, Tabasco. En memoria de la XIX Reunión Científica-Tecnológica Forestal y Agropecuaria Tabasco. Tabasco, México. Pp. 67-75.

Godfrey RW, Gray ML, Collins JR. 1997. Lamb growth and milk production of hair and wool sheep in a semi-arid tropical environment. Small. Rum. Res. 24:77-83.

González-Garduño R, Torres G, Castillo AH. 2002. Crecimiento de corderos Blackbelly entre el nacimiento y el peso final en el trópico húmedo de México. Veterinaria México. 33 (4): 443-453.

González RA, Martínez BI, Chávez FJA, Loya HM, Lucero MFA. 2002. Crecimiento de corderos Pelibuey en pastoreo. En memoria del II Taller Ovino del Golfo y Noroeste de México. Cd. Victoria, Tamaulipas, México. Pp. 17-20.

González-Rodríguez I, Oliva-Hernández J. 2012. Constantes fisiológicas de corderas Blackbelly x Pelibuey en estabulación y pastoreo. I Simposium Internacional en producción Agroalimentaria Tropical. XXIV Reunión Científica-Tecnológica, Forestal y Agropecuaria, Tabasco 2012; Cárdenas, México. Pp. 170-180.

Hazel LN, Terril CE. 1945. Heritability of weaning weight and staple length in range Rambouillet lambs. Journal of Animal Science Volume: 347-358. http://jas.fass.org/cgi/ijlink?linkType=ABST&journalCode=animalsci&resid=4/4/347

Hernández-Orueta Y, Oliva-Hernández J, Pascual-Córdova A. 2013. Medidas zoométricas en corderas Pelibuey en crecimiento con alimentación intensiva. II Simposio Internacional en Producción Agroalimentaria Tropical y XXV Reunión Científica-Tecnológica Forestal y Agropecuaria Tabasco 2013, Tabasco, México. Pp. 391-397.

Hinojosa-Cuéllar JA, García-Méndez G, Oliva-Hernández J. 2005. Comportamiento reproductivo de ovejas Blackbelly y sus cruzas con Pelibuey, Dorper y Katahdin en Centla, Tabasco, México. En: Memoria del IV Seminario de producción de ovinos en el trópico. Universidad Juárez Autónoma de Tabasco. Villahermosa. 2 y 3 de Diciembre. Tabasco, México. 8-13 pp.

Hinojosa-Cuéllar JA, Regalado-Arrazola FM, Oliva-Hernández J. 2009. Crecimiento prenatal y predestete en corderos Pelibuey, Dorper, Katahdin y sus cruces en el sureste de México. Revista Científica, FCV-LUZ XIX, 5: 522-532.

Hinojosa-Cuéllar JA, Oliva-Hernández J. 2009. Distribución de partos por estación en ovejas de razas de pelo y cruces en un ambiente tropical húmedo. Revista Científica. FCV-LUZ. XIX (3): 288-294.

Horton GMJ, Burgher CC. 1992. Physiological and carcass characteristics of hair and wool breeds of sheep. Small Ruminant Research 7: 51-60.

INEGI. 2010. Volumen de producción de carne en canal y lana de ganado ovino por entidad federativa (2004 a 2009). En: El sector alimentario en México. Edición 2010. Instituto Nacional de Estadística y Geografía. México. Consultado el 9 de mayo de 2011. http://www.inegi.org.mx/prod_serv/contenidos/espanol/biblioteca/Default.asp?accion=1&upc=702825001974

James JW. 1977. Open nucleus breeding systems. Animal Production 24: 287-305.

Kosgey IS, Kahi AK, Van Arendonk JA. 2005. Evaluation of closed adult nucleus multiple ovulation and embryo transfer and conventional progeny testing breeding schemes for milk production in tropical crossbred cattle. Journal of Dairy Science 88: 1582-1594.

Kosgey IS, Baker RL, Udo HMJ, Van Arendonk JAM. 2006. Successes and failures of small ruminant breeding programmes in the tropics: a review. Small Ruminant Research 61: 13.

Kosgey IS, Rowlands GJ, van Arendonk JAM, Baker RL. 2008. Small ruminant production in smallholder and pastoral/extensive farming systems in Kenya. Small Ruminant Research 77: 11.

León JM, Barba C, Gama LT, Carolino N, Puntas J, Quiroz J, Delgado JV. 2005. Parámetros genéticos de prolificidad de la oveja Segureña. Resultados preliminares. Archivos de Zootecnia 54: 323-326.

León JM, Quiroz J, Puntas J, García G, Delgado JV. 2006. Análisis de la situación actual en el control de rendimientos en la raza ovina Segureña. FEAGAS 29: 113-115.

Leymaster KA. 2002. Fundamental aspects of crossbreeding of sheep: Use of breed diversity to Improve efficiency of meat production. Sheep and Goat Research Journal 17: 50-58.

López-Quen R, Oliva-Hernández J, Hinojosa-Cuéllar JA. 2008. Respuesta productiva a la complementación energética y proteínica suministrada antes del empadre en primalas Pelibuey x Blackbelly. En memorias de la XX Reunión Científica-Tecnológica Forestal y Agropecuaria de Tabasco. Tabasco, México. pp. 113-120.

Louvandini H, Veloso CF, Paludo GR, Dell'Porto A, Gennari SM, McManus CM. 2006. Influence of protein supplementation on the resistance and resilience on young hair sheep naturally infected with gastrointestinal nematodes during rainy and dry seasons. Vet Parasitol 137: 103-111.

Lucas-Tron J, González-Padilla E, Martínez-Rojas L. 1997. Estacionalidad reproductiva en ovejas de cinco razas en el altiplano central mexicano. Técnica Pecuaria . en Méx. 35: 25-31.

Luna-Palomera C, Santamaría-Mayo E, Berúmen-Alatorre AC, Gómez-Vázquez A, Maldonado-García NM. 2010. Suplementación energética y proteica en el control de nematodos gastrointestinales en corderas de pelo. Rev Electrón Vet 11: 7, Julio/2010 1695-7504 Volumen 11 Número 07 pp. 1-13. http:// www.veterinaria.org/revistas/redvet/n070710.html

Lupton CJ. 2008. ASAS CENTENNIAL PAPER: Impacts of animal science research on United States sheep production and predictions for the future. J. Anim Sci. 86: 3252-3274.

Martínez-Ávalos A, Bores-Quintero R, Castellanos-Ruelas A. 1987. Zoometría y predicción de la composición corporal de la borrega Pelibuey. Técnica Pecuaria en México. 25:1; 72-84.

Martínez GJC, Villareal VE, Salinas ZN, González RA. 2002. Aditivos en dietas integrales para corderos de razas de pelo en estabulación. En memoria del II Taller de Ovino del Golfo y Noroeste de México. Cd. Victoria, Tamaulipas. pp. 29-31.

Mata-Espinosa MA, Hernández SD, Cobos PMA, Ortega CME, Mendoza MGD, Arcos-García JL. 2006. Comportamiento productivo y fermentación ruminal de corderos suplementados con harina de cocoite (*Gliricidia sepium*), Morera (*Morus alba*) y Tulipán (*Hibiscus rosa-sinensis*). Revista Científica FCV-LUZ, XVI, 3: 249-256.

Mendel G. 1865. Experiments in plant hybridization. http://www.mendelweb.org/Mendel.html. Fecha de acceso 17/6/2008.

Méndez-Sánchez JL, Oliva-Hernández J, Hinojosa-Cuéllar JA. 2008. Comportamiento reproductivo de primalas Pelibuey x Blackbelly en un empadre controlado. En memorias de la XX Reunión Científica Tecnológica Forestal y Agropecuaria. Universidad Juárez Autónoma de Tabasco. Villahermosa, Tabasco, México. pp. 157-165.

Mora-Morelos H, Hinojosa-Cuellar JA, Oliva-Hernández J. 2003. Características de crecimiento posdestete de borregos Pelibuey en pastoreo con suplemento alimenticio. Revista Universidad y Ciencia. (19) 38:105-111.

Nava-López VM, Oliva-Hernández J, Hinojosa-Cuéllar JA. 2006. Mortalidad de los ovinos de pelo en tres épocas climáticas en un rebaño comercial en la Chontalpa, Tabasco, México. Universidad y Ciencia. (22) 2:119-129.

Obrador-Olán PV, Hernández-Sánchez D, Aranda-Ibáñez EM, Gómez-Vázquez A, Camacho-Chiu W, Cobos-Peralta M. 2007. Evaluación de los forrajes de morera *Morus alba* y tulipán *Hibiscus rosa-sinensis* a diferentes edades de corte como complemento para corderos en pastoreo. Universidad y Ciencia. 23, 2:115-125

Oliva J, Vidal A. 1997. Composición corporal de borregos Pelibuey implantados con zeranol. En memoria de la XXXIII Reunión Nacional de Investigación Pecuaria Veracruz. Pp. 117.

Oliva-Hernández J, Vidal-Baeza A. 2001. Utilización del zeranol en borregos Pelibuey en pastoreo y con concentrado energético. Universidad y Ciencia. (17) 34:57-64.

Oliva-Hernández J, Mora-Morelos H, Sánchez MJM, Hinojosa-Cuéllar, JA. 2002. Producción de ovinos de pelo en Tabasco. Condiciones climáticas y apareamiento. Kuxulkab'. VIII (15): 8-23.

Oliva-Hernández J, Zulueta RJM, Hinojosa CJA. 2008. Evaluación reproductiva de ovejas Pelibuey durante un empadre controlado. En Memoria del 20° Encuentro Nacional de Investigación Científica y Tecnológica del Golfo de México. Pp. 265-267.

Pascual-Córdova A, Oliva-Hernández J, Hernández-Sánchez D, Torres-Hernández G, Suárez-Oporta ME, Hinojosa-Cuéllar JA. 2009. Crecimiento postdestete y eficiencia reproductiva de corderas Pelibuey con un sistema de alimentación intensiva. Archivos de Medicina Veterinaria. 41, 3:205-212.

Pineda J, Palma JM, Haenlein GFW, Galina MA. 1998. Fattening of Pelibuey hair sheep and crossbreds (Rambouillet-Dorset×Pelibuey) in the Mexican tropics. Small Ruminant Research 27: 263.

Piñeiro-Vázquez AT, Oliva-Hernández J, Hinojosa-Cuéllar JA. 2009. Uso de suplementación mineral con monensina sódica en corderas Pelibuey durante el crecimiento postdestete Archivos de Medicina Veterinaria 41, 1: 35-41.

Puntas J, León JM, Quiroz J, García G, Delgado JV. 2005. Estudio de la efectividad del control de rendimientos en la raza ovina Segureña. In: VI Simposio Iberoamericano sobre la Conservación y Utilización de Recursos Zoogenéticos, San Cristobal de las Casas, Chiapas. p 79-81.

Quick TC, Dehority BA. 1986. A Comparative Study of Feeding Behavior and Digestive Function in Dairy Goats, Wool Sheep and Hair Sheep. J. Anim Sci. 63: 1516-1526.

Quiroz J, Landi V, Martínez A, Barba C, Vega Pla JL. 2005. Asignación de individuos a poblaciones caprinas a partir de técnicas moleculares. Ovis 100: 67-77.

Ríos-Utrera A, Oliva-Hernández J, Calderón-Robles R, Lagunes-Lagunes J. 2013. Crecimiento predestete de corderos Pelibuey y cruces con Blackbelly, Dorper y Katahdin. II Simposio Internacional en Producción Agroalimentaria Tropical y XXV Reunión Científica-Tecnológica Forestal y Agropecuaria Tabasco 2013, Tabasco, México.Pp. 333-340.

Rodríguez J, Escamilla O, Castillo P, Ibarra M, Zarate P. 2002. Efecto del tipo racial y el nivel de energía metabolizable en la dieta sobre la producción de carne de ovino. En memoria del II Taller Ovino del Golfo y Noroeste de México. Cd. Victoria, Tamaulipas, México. Pp. 44-46.

Ross TT, Goode L, Linnerud CA. 1985. Effects of high ambient temperature on respiration rate, rectal temperature, fetal development and thyroid gland activity in tropical and temperate breeds of sheep. Theriogenology. 24, 2: 259-269.

Shook GE. 2006. Major Advances in Determining Appropriate Selection Goals. Journal of Dairy Science 89: 1349-1361.

SIAP (Servicio de Información Agroalimentaria y Pesquera). 2013. Ovino. Población Ganadera 2002-2011. Secretaria de Agricultura, Ganadería, Desarrollo Rural, Pesca y Alimentación. Consultado el 21 de octubre de 2013. http://www.siap.gob.mx/index.php?option=com_content&view=article&id=21&Item id=330

Sierra I. 1989. Cruzamiento en la especie ovina. III: Mejora de la producción de carne. Ovis 4: 47-73.

Trinidad R. 2007. Future breed genetics determined at central performance tests. Sheep Industry News Volume. http://sheepindustrynews.org/?page=site/text&nav_id=abd1d83db2d8059520838c272 d360c46&.

Trujillo-Quiroga MJ, Gallegos-Sánchez J, Porras-Almeraya A, Valencia-Méndez J. 2007. Los días artificiales largos inducen el anestro en ovejas Pelibuey con patrón reproductivo continuo. Agrociencia . 41 (5): 513-519.

Vanimisetti HB, Greiner SP, Zajac AM, Notter DR. 2004. Performance of hair sheep composite breeds: Resistance of lambs to Haemonchus contortus. Journal of Animal Science 82: 595-604.

Velázquez-Madrazo PA. 2006. Manejo de los recursos genéticos para la ovinocultura de pelo. En: Castellanos AF y Arellano C. (eds.) Tecnología para la producción de ovinos de pelo. Fundación Produce Yucatán A.C. Universidad Autónoma de Yucatán, Mérida, Yucatán, México. Pp. 55-85.

Warwick EJ, Legates JE. 1980. Mejoramiento de las ovejas. En cría y mejoramiento del ganado. 3ra Ed. Mc Graw-Hill, México. Pp. 531-532.

Wildeus S. 1997. Hair sheep genetic resources and their contribution to diversified small ruminant production in the United States. Journal of Animal Science 75: 630-640.

Wright S. 1921. Systems of mating I. The biometric relations between parent and offspring. Genetics Volume: 111-123. http://jas.fass.org/cgi/ijlink?linkType=PDF&journalCode=genetics&resid=6/2/111.

Yazwinski TA, Goode L, Moncal DJ, Morgan GW, Linnerud AC. 1979. Parasite resistance in straighbred and crossbred Barbados Blackbelly sheep. J Anim Sci 49: 919-926.

VIII. REVISIÓN TÉCNICA

Dr. Ángel Ríos Utrera, Investigador en el Campo Experimental "La Posta", Instituto Nacional de Investigaciones Forestales, Agrícolas y Pecuarias, México.

Dr. Raúl Andrés Pérezgrovas Garza, Investigador en el Instituto de Estudios Indígenas de la Universidad Autónoma de Chiapas, Chiapas, México.

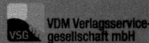

Printed by Books on Demand GmbH, Norderstedt / Germany